儿童超健康小吃

孙朱朱 著

北京科学技术出版社

图书在版编目（CIP）数据

儿童超健康小吃 / 孙朱朱著 . —北京 : 北京科学技术出版社 , 2021.9
ISBN 978-7-5714-1636-2

Ⅰ . ①儿… Ⅱ . ①孙… Ⅲ . ①风味小吃—食谱 Ⅳ . ① TS972.14

中国版本图书馆 CIP 数据核字 (2021) 第 125213 号

策划编辑：宋　晶
责任编辑：白　林
图文制作：天露霖文化
责任印刷：张　良
出 版 人：曾庆宇
出版发行：北京科学技术出版社
社　　址：北京西直门南大街 16 号
邮政编码：100035
电话传真：0086-10-66135495（总编室）
　　　　　0086-10-66113227（发行部）
网　　址：www.bkydw.cn
印　　刷：北京印匠彩色印刷有限公司
开　　本：720 mm × 1000 mm　1/16
印　　张：9.25
版　　次：2021 年 9 月第 1 版
印　　次：2021 年 9 月第 1 次印刷
ISBN 978-7-5714-1636-2

定　　价：49.80 元

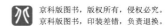

Preface 前言

　　我小时候正处于物资匮乏的年代，街上根本没有什么小吃，饭店也只有零星几个。家里的钱都要用到刀刃上，不可能让我们下馆子，除了逢年过节还真吃不到什么好吃的。一看小人书我就羡慕有钱人家大鱼大肉的生活，流着口水纠结长大是当科学家还是富太太。

　　有一次我陪同学去她妈妈工作的食堂后厨取钥匙，她妈妈给了我一个肉馅饼，那个香啊！我又开始在食堂大师傅和科学家之间做艰难的选择，我觉得当大师傅挺好的，每天做饭的时候都能偷摸着给自己留点儿好吃的。

　　没想到长大后我的三个理想都实现了。我成功地嫁了出去，过上了衣食无忧的生活。家里做饭的活儿我全包了，也算当了大师傅，好吃的越来越多，也不用偷偷给自己留出来，想吃就随便吃。科学家的梦我也没落下，每天都在乐此不疲地用油盐酱醋和米面肉蛋蔬菜在厨房里做实验，目的只有一个：让我家那几个"小白鼠"觉得我的实验成果好吃。

　　后来我在网上发现了美食博客这个新大陆，当时我很震惊，我从来不知道原来美食也可以用这种形式表现出来。以前我一直以为，那些美食和图片只有专业厨师才能够弄出来。刚开始写博客的时候我什么也不会，不会拍照，不会处理图片，不知道原来还有单反照相机，甚至连博客的各种使用功能都没完全弄懂。我就这样边学边做，边做边拍照，将每一道美食的制作过程都以直观的图片形式展示出来。写文字的过程中我更是绞尽脑汁，边写还得边想应该怎样描述大家才能看得更明白。虽然直到现在还是有很多不足，但是大家都可以看到我的进步。套用一句广告语："没有最好，只有更好。"

　　由于儿子和外甥女的吹嘘，我对各种街边小吃产生了浓厚的兴趣。现在的街边小吃可真是日新月异、层出不穷，一出现就立刻风靡全国。这些小吃最爱扎堆出现在学校的大门口。每次出现新的小吃，他俩就会在第一时间告诉我。等我实验完，他俩满意后就会在学校门口骄傲地跟同学们吹牛："这个、这个，还有这个，我妈（我三姨）都会做。"有时候我做了好吃的小吃给他们带到学校和同学们一起分享，他们回来后说同学们羡慕的目光让他们立刻觉得幸福得不得了。这种幸福让我沉醉并化为让我继续努力的动力。

每次出去逛街我的保留节目都是将那些新出的街头小吃挨个吃一遍，每次出去旅游我最喜欢做的也是走街串巷去寻找当地的街头小吃。吃的时候我还会眼观六路、耳听八方，脑子里默记默背，仔细地看摊主的操作过程，观察周围人对小吃味道的反应，记下各种原料的种类——比上学的时候听课都认真。我还会边吃边装作漫不经心地和摊主聊天，让他们在不经意间透露一些做好小吃的诀窍，回家后趁着热乎劲儿马上记到本子上，冲进厨房一遍遍做实验，直到自己满意为止。这足见我对制作美食的热情和用功程度。

当北京科学技术出版社的编辑找到我并和我讨论以什么主题写一本书的时候，我一下子就想到了街边小吃。为了能把这本书做得更好，我一有时间就扎进厨房又做又拍，我家的"小白鼠们"都快乐地抱怨我每天的实验品将他们喂胖了。我要特别感谢编辑宋晶妹妹对我的严格要求，每一张图片、每一段文字她都和我不厌其烦地反复推敲，就是这种力求完美的精神让这本书得以呈现在你们面前。

说心里话，出一本美食书真是挺辛苦的，无数次为了一个细节重做重拍，把我累得躺下就不想起来，无数次为了一张满意的图片，我几乎拍到崩溃……这些挡在我面前的困难终于让我这个坚持不懈的"愚公"给移开了，我不为别的，就是想将我总结出来的制作街头小吃的经验与你们分享，因为我觉得做美食是一件非常快乐的事情，而分享获得的就是快乐的 N 次方。

武打小说里经常有争抢武功秘籍的桥段，我觉得我用心写的这本书应该算是美食秘籍吧。只是我不藏着掖着，奉献给大家一起修炼。你还在等什么？为了成为家人朋友眼中的美食达人，为了让他们吃到没有地沟油、没有添加剂的健康街头小吃——接书，看招！

孙朱朱

新浪博客：blog.sina.com.cn/sunzhuzhu5315213344521

$\mathcal{C}\textit{ontents}$ 目 录

🪐 *Part* 2
地方特色小吃

Part 3
休闲小吃

Part 4
异国风味小吃

Part 1
街头流行小吃

爆浆鸡排

🍲 原料

主料： 整块鸡胸肉

调料： 芝士2片，蛋黄1个，黄金面包糠50克，面粉50克，香酥炸鸡粉15克（可选），盐、黑胡椒粉适量

🍲 做法

1 鸡胸肉去掉筋膜，用刀从侧面切成均等且相连的片。

2 用肉锤或刀背将切开的鸡胸肉敲薄。

3 将肉片放入容器中，撒盐和黑胡椒粉抓匀，腌制几分钟。不要放太多盐，因为芝士片和炸鸡粉都有咸味。

4 取出腌好的肉片铺平，将芝士片放到其中一侧。

5 将另一侧折过来，压紧。

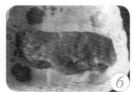

6 蛋黄打散。鸡胸肉两面先沾满面粉，再裹上蛋黄液。

7 鸡胸肉两面均匀地沾满面包糠和炸鸡粉混合物，用手轻轻按压，使其更牢固。

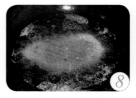

8 放入六成热的油锅中，小火炸3～5分钟，表面完全呈金黄色时捞出即可。

◤ 制作小贴士

1. 切开的鸡胸肉有破的地方也没关系，包芝士片时将破的地方捏好，再裹上面包糠就可以了。
2. 沾满面包糠和炸鸡粉混合物后，在表面刷薄薄一层水，再裹一层面包糠和炸鸡粉混合物，这样酥皮更厚、更好吃。
3. 刚炸好的鸡排里面的芝士是浆状的，很烫，吃的时候一定要注意。爆浆鸡排可以搭配番茄沙司或者甜辣酱食用，既解腻又可口。

烤冷面

🍲 原料

主料： 冷面皮1张，鸡蛋1个，烤肠1根，鱼板1片

调料： 蒜蓉辣酱20克，白糖20克，醋5克，香菜2根，辣椒粉、孜然粉、熟芝麻适量，洋葱少许

🍲 做法

① 平底锅烧热倒油，打入鸡蛋。

② 冷面皮冲洗干净后放在鸡蛋上压一下。烤肠竖着切开和鱼板一起放入锅中。

③ 鸡蛋煎好后翻面，同时将烤肠和鱼板翻面。

④ 用刷子刷一层蒜蓉辣酱。

⑤ 撒上辣椒粉、孜然粉和熟芝麻，放上煎好的烤肠和鱼板，撒上切好的洋葱末。

⑥ 卷起冷面皮用铲子剁成小块，倒入2勺水。

⑦ 倒入醋和白糖。

⑧ 炒匀后撒上切好的香菜末关火即可。

▶ 制作小贴士

1. 冷面皮装进袋子里随用随取。
2. 冷面皮煎之前用水冲一下，这样煎出来的冷面才筋道。
3. 烤肠和鱼板也可以用午餐肉代替。
4. 糖和醋的用量根据喜好而定，不喜欢酸甜口的，可以不放。

鲜虾肠粉

📋 原料

面皮：黏米粉 100 克，澄粉 20 克，玉米淀粉 20 克，色拉油 5 克，凉水 300 克，盐少许

馅料：鲜虾仁 100 克，香葱 2 根，姜 1 片

🍲 做法

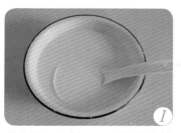

1 黏米粉、澄粉、玉米淀粉和盐混合，加水搅匀，再加油搅成稀糊状，静置20分钟使米糊混合均匀。

2 虾仁切粒，放入小碗，加切好的姜丝去腥。香葱切葱花。

3 倒半锅水，锅中放入蒸架或箅子，大火将水烧开。

4 取一个平底不锈钢盘，盘底刷薄薄一层油，倒入半勺米糊，晃动盘子使米糊均匀地铺满盘底。

5 放几粒虾仁，撒少许葱花，将不锈钢盘放到蒸架上，盖上锅盖，大火加热。待米糊凝固并起泡时，将盘子取出，静置10秒钟。

6 用刮板将蒸好的粉皮卷起来，切成2～3段，浇上调味汁（做法见小贴士8）即可。

制作小贴士

1. 如果没有澄粉，可以再加入20克玉米淀粉。
2. 如果虾仁较小就用整个的或切成2段，如果较大就多切几段。
3. 步骤5中将虾仁换成调好味的猪肉末，在上面淋少许鸡蛋液，再撒上葱花就做成了可口的肉末鸡蛋肠粉。
4. 最好将不锈钢盘放在蒸架或蒸帘上，如果直接放到水上蒸，而且盘边较低的话，水开后会沸腾而漫入盘中。
5. 蒸肠粉时要用大火，始终保持锅里的水沸腾。盘子的直径至少要比锅的直径小2厘米，这样蒸汽才能上来。
6. 用长方形的不锈钢盘更好，我用的是两个直径为20厘米的比萨饼盘。最好准备两个盘子倒换着做，这样很省时间。
7. 用玻璃锅盖便于观察，如果使用普通锅盖，打开观察锅中情况时米糊起的泡就会缩回去。
8. 简单调味汁的制作方法：酱油和水1∶1混合，放入少许鱼露和白糖，滴几滴香油拌匀即可；复杂调味汁的制作方法：锅中倒入香油，放入香菇片炒香，然后放入生抽、小半碗水、少许白糖和香菜末煮开，再煮3分钟后关火过滤。

脆皮炸鸡柳

🍲 原料

主料： 鸡胸肉（或鸡腿肉）200 克

调料： 面粉 50 克，干淀粉 50 克，泡打粉 3 克，酱油 15 克，蚝油 15 克，料酒 10 克，洋葱 20 克，黑胡椒粉、盐、孜然粉、辣椒粉、花椒粉适量，熟芝麻少许（可选）

🍲 做法

鸡肉切长条。

鸡肉条放入盆中，加入酱油、蚝油、料酒、黑胡椒粉和切成丝的洋葱拌匀。

倒入保鲜袋，封口并揉搓，然后放入冰箱冷藏 30 分钟以上。

腌好的鸡肉条放入盆中，加入面粉、干淀粉和泡打粉混合物，用手翻拌，使其均匀地沾在鸡肉条上。

锅中倒油烧热，将鸡肉条逐个放入锅中，待表面上色后捞出。

炸好的鸡柳放入盆中，趁热撒辣椒粉、孜然粉、盐、花椒粉和熟芝麻，颠盆使鸡柳表面沾上调料。

▶ 制作小贴士

1. 鸡胸肉可以提前腌制，然后放入冰箱冷藏，这样更入味。

2. 炸鸡柳时，油温不能太高也不能太低。油温太高，鸡柳放进去会煳；油温太低炸不出脆皮，而且口感油腻。炸制前用一根鸡柳试一下油温——鸡柳放进去后四周有密集的气泡即可。炸鸡柳的时间不用很长，否则鸡柳会干而不嫩。

3. 可以根据自己的喜好选择调料。想吃黑椒鸡柳，就在炸好的鸡柳上撒盐和黑胡椒粉；想吃椒盐鸡柳，就在上面撒盐和花椒粉；想吃沙拉鸡柳，就在上面挤沙拉酱；想吃泰式鸡柳，就在上面挤甜辣酱。

烤羊肉串

🍲 原料

主料：羊肉 400 克

调料：洋葱 50 克，水 20 克，孜然粉 5 克，孜然 10 克，熟芝麻 10 克，辣椒粉 15 克，盐适量

🍲 做法

① 羊肉去筋膜，切 2 厘米长、1 厘米厚的块。

② 羊肉块放入盆中，加切好的洋葱丝和水抓匀，腌制 2 小时。

③ 竹签冲洗干净，将腌好的羊肉块穿在竹签上，放入铺有锡纸的烤盘中。

④ 给羊肉块刷薄薄一层油。

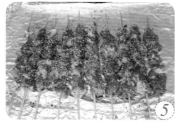

⑤ 按先后顺序在两面分别撒上盐、孜然粉、辣椒粉、孜然和熟芝麻。

⑥ 烤箱预热至 230℃，将烤盘放入烤箱上层，两面各烤 7 分钟。

◤ 制作小贴士

1. 羊肉最好选择略肥的，这样吃起来更香。
2. 腌羊肉时，加点儿水和洋葱口感更嫩。
3. 用碳烤炉明火烤制比用烤箱烤出来的羊肉串味道更香。
4. 不同烤箱温度会有差异，但一定要用高火烤制，这样才能锁住羊肉中的水分而不发柴。

街头流行小吃

地方特色小吃

休闲小吃

异国风味小吃

油炸臭豆腐

🍲 原料

主料：豆腐 500 克，盒装或瓶装臭豆腐 50 克

酱料：芝麻酱 15 克，蒜蓉辣酱 15 克，辣椒油 20 克，盒装或瓶装臭豆腐 15 克

蘸料：炒熟的花生 50 克，熟芝麻 20 克，孜然粉 8 克，辣椒粉适量

🍲 做法

豆腐切成 1 ~ 1.5 厘米厚的方块，平放到案板上晾一会儿。

臭豆腐放入容器中，再放入 3 ~ 4 勺温水，用勺子压碎搅拌成臭豆腐汁。

豆腐块放入干净的容器中，淋入拌好的臭豆腐汁，腌制 20 分钟。

制作酱料：芝麻酱、蒜蓉辣酱和臭豆腐放入碗中搅成糊状，放入辣椒油搅匀。

制作蘸料：炒熟的花生去皮后放在案板上，再放入熟芝麻，用擀面杖擀成粉状——有少许细小的颗粒也没关系。

花生芝麻粉放入盘中，再放入孜然粉和辣椒粉搅匀。

腌好的臭豆腐逐块放入锅中，用中小火炸至两面金黄，外皮酥脆时捞出控油。

趁热用筷子将炸好的臭豆腐夹着穿到 2 根竹签上，两面分别刷上做好的酱料。

放入蘸料盘中使两面均匀地沾上蘸料。

制作小贴士

1. 豆腐不要切得太薄，否则炸好后会太干。
2. 豆腐腌制的时间越长，味道就越浓。淋好腌汁后可放入带有密封盖的容器中，放入冰箱腌制。
3. 制作酱料时，如果太干可以加适量温水。
4. 炸好的臭豆腐可以不穿在竹签上，刷酱料后放入蘸料盘中即可。
5. 豆腐如果水分多可以切成小块，放到两块案板之间压去多余的水分，让豆腐更结实。
6. 锅中少放一些油，分几次炸，因为炸完臭豆腐的油有味道，不能再用。不要用油煎，煎出的臭豆腐没有外酥里嫩的口感。

煎灌肠

原料

主料：红薯淀粉 150 克，面粉 80 克　　调料：八角 3 个，蒜半头，水 250 克，盐 3 克，干淀粉适量

做法

八角放入锅中，加水小火煮 5 分钟。

红薯淀粉和面粉倒入盆中搅匀。

取 150 克八角水趁热倒入面粉盆中，边倒边搅拌，将面粉混合物烫成烫面。

撒少许干淀粉，将烫好的面粉揉成团。

面团搓成粗一点儿的长条。

用湿润的纱布卷好放入蒸锅，大火蒸上汽后转中火蒸 30 分钟，即成灌肠。

取出灌肠晾至不烫手，去掉纱布，裹上保鲜膜，放入冰箱冷藏 2 小时，取出后切滚刀片。

平底锅中多倒入一些油，放入灌肠片煎至两面金黄。

蒜和盐放入碗中捣成蒜泥，放 2 勺凉开水搅成蒜汁，浇到煎好的灌肠上。

> ## 制作小贴士
>
> 1. 不同品牌的淀粉（和面粉）吸水量不同，同一品牌的淀粉（和面粉）所处的环境不同，吸水量也不同，所以烫面时一定要根据实际情况决定水的用量，水不能加太多，否则太软不易成团。
> 2. 灌肠一定要冷藏凉透后再切片，不然会碎。
> 3. 如果水放多了，面粉无法揉成团，可以再加些干淀粉。

街头流行小吃

地方特色小吃

休闲小吃

异国风味小吃

鸡翅包饭

原料

主料：鸡翅4个，米饭1小碗，黄瓜段（5厘米长），胡萝卜段（5厘米长）

调料：洋葱20克，香葱1根，蜂蜜5克，酱油15克，新奥尔良烤翅腌料25克，盐少许

做法

① 鸡翅洗净，用剪刀将根部骨头的筋剪断。

② 一只手拎着鸡骨头，一只手将鸡肉和鸡皮一起顺着骨头向下拽，将骨头全部露出来。

③ 用剪刀将骨头剪下来。

用上述方法取出翅中处的骨头。

除了翅尖处的小骨头，鸡翅的骨头全部取出来了，鸡翅成了一个完整的"口袋"。

去骨鸡翅放入保鲜袋，加20克新奥尔良烤翅腌料、1小勺水和油，隔着保鲜袋揉搓，让鸡翅裹上腌料，放入冰箱冷藏2小时。

洋葱、黄瓜段和胡萝卜段切丁，香葱切葱花。

米饭中倒入酱油拌匀。

锅中倒油烧热，放入洋葱丁、黄瓜丁和胡萝卜丁炒匀。

放入米饭炒散，加盐和葱花炒匀后关火盛出，晾凉。

取出腌好的鸡翅，将纯净水瓶的瓶口剪成漏斗状，用筷子将炒米饭顺着"漏斗"塞进鸡翅中。

开口用牙签封住，摆入铺有锡纸（锡纸上刷薄薄一层油）的烤盘中。

剩余新奥尔良烤翅腌料、蜂蜜和几滴水混合后拌匀，刷在鸡翅表面，放入预热至220℃的烤箱的中层烤10分钟，翻面后刷调料再烤10分钟。

制作小贴士

1. 为鸡翅去骨剪刀比刀好用，注意去骨时不要将鸡皮弄破。
2. 鸡翅包饭有多种口味，可以根据自己的口味制作腌料。
3. 米饭不要装满，装入2/3即可，装得太满鸡翅烤后收缩容易胀破。
4. 不同烤箱温度会有差异，烤时要注意观察，以免烤煳。

街头流行小吃

地方特色小吃

休闲小吃

异国风味小吃

蛋烘糕

🍲 原料

面皮：低筋面粉 100 克，鸡蛋 2 个，凉水 100 克，白糖 20 克，色拉油 15 克，酵母粉 2 克，泡打粉 2 克

馅料：榨菜末 50 克，肉末 50 克，酱油 5 克，料酒 5 克，白胡椒粉少许

做法

① 低筋面粉、酵母粉、白糖和水放入大碗中搅匀。

② 放入鸡蛋和色拉油搅成均匀的面糊。

③ 将面糊盖好，静置30分钟以上。

④ 锅烧热倒油，放入肉末炒变色，淋入料酒。

⑤ 放入榨菜末、酱油和白胡椒粉炒匀，关火盛出。

⑥ 在醒好的面糊中放入泡打粉，搅匀。

⑦ 平底锅烧热，在锅底刷一层油，倒入半勺面糊（自动散开铺满锅底，大约0.5厘米厚）。

⑧ 开小火，盖上锅盖约30秒，锅边的面糊未凝固时转动锅柄使面糊向四周均匀散开。

⑨ 盖上锅盖约30秒，面糊全部凝固后会出现很多蜂窝眼，在一侧放一勺馅料。

⑩ 勺子插入饼下将另一侧掀起来盖到馅料上，盛出即可。

制作小贴士

1. 红糖加少许热水化成汁，过滤到面糊里代替白糖，可使做出的蛋烘糕有淡淡的褐色。
2. 馅料可以根据喜好换成奶油、果酱、沙拉酱、肉松或者芽菜肉末。
3. 本配方馅料中加了榨菜，所以没放盐。
4. 我没有专用的蛋烘糕锅，所以用的是一个直径大约12厘米的小煎锅，由于锅底有图案，所以烙出的饼的颜色不均匀，但是味道都一样。你也可以使用平底锅，只要面糊的量掌握好就可以在锅的中间做一个小小的蛋烘糕。
5. 蛋烘糕趁热吃味道更好。

蛋煎糍粑

🍲 原料

主料：糯米 150 克，大米 80 克
调料：白糖 20 克，鸡蛋 1 个，红糖 10 克

🍲 做法

糯米泡 2 小时以上，直到能用手指碾碎。大米泡 30 分钟左右。

泡好的糯米和大米混合，倒水没过米。

隔水蒸 20 分钟左右或直接用电饭锅蒸熟。

用擀面杖将米饭捣成基本看不到米粒的状态。

加入白糖，搅拌均匀。

将保鲜膜或者撕开的保鲜袋铺在饭盒或其他容器中，放入捣好的米饭，用勺背压紧抹平。

用保鲜膜或保鲜袋盖上，放入冰箱冷冻，使其变硬。

食用时，从冰箱中取出回温，切成约1厘米厚的片。

逐片放入鸡蛋液中，使两面裹满鸡蛋液。

锅中倒少许油，转动锅柄使油分布均匀，中火烧热，逐片放入糍粑片。

底部蛋皮变黄后（半分钟以内），立即翻面，将另一面煎上色。

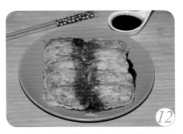

红糖加少许热水化成浓浓的红糖水，做蘸汁或者淋在糍粑上。

制作小贴士

1. 蒸米饭的水不能多放，刚好没过米为宜，不然米饭太软不易成形。
2. 米饭不必捣得太烂，否则口感不好。
3. 尽量将捣好的米饭在容器中压出棱角，这样冷冻后才能切出漂亮整齐的片。
4. 化红糖的水尽量少一些，这样红糖水才浓稠。

街头流行小吃

地方特色小吃

休闲小吃

异国风味小吃

鲷鱼烧

🍳 原料

面皮：低筋面粉 150 克，白糖 40 克，泡打粉 3 克，鸡蛋 2 个，牛奶 100 克，黄油 30 克，香草精 1 克
馅料：红豆沙 120 克

🍳 做法

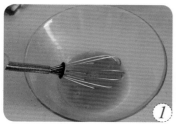

① 鸡蛋打入碗中，放入白糖搅匀。

② 放入牛奶、低筋面粉和泡打粉搅匀。

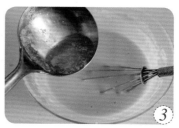

③ 放入熔化的黄油和香草精搅匀。

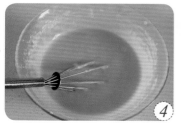

④ 盖好静置 30 分钟。

⑤ 豆沙分成 10 个左右的小团压薄。

⑥ 鲷鱼烧模具烧热，刷一层油。

⑦ 关火，倒入适量面糊，放入红豆沙。

⑧ 再倒入面糊将模具补满。

⑨ 盖上模具开火，每面用中火烤 1 ～ 2 分钟，两面呈金黄色时关火。

制作小贴士

1. 馅料可以根据喜好选择，里面没有汤汁即可。
2. 鲷鱼烧趁热吃味道更佳。

蚵仔煎

🍲 原料

主料：牡蛎 200 克，红薯粉 60 克，鸭蛋 1 个，猪肥膘肉 200 克

调料：香葱 1～2 根，香菜 2 根，鱼露 5 克，凉水 60 克，白胡椒粉少许

做法

牡蛎放入漏勺中用流水冲洗干净。

放入红薯粉和水搅匀。

放入鱼露、切好的葱末和白胡椒粉搅匀备用。

猪肥膘肉切小块，放入炒锅小火炼油。

肉块变色时关火。

捞出肉块，油倒出备用。

平底锅中倒2大勺猪油，晃动平底锅使油铺满锅底。

倒入牡蛎混合物，转动锅使其铺满锅底。

打入1个鸭蛋，用叉子搅散。

稍凝固时，端起锅摇晃一下，若底面已经煎好，蚵仔煎可以自由滑动。底面煎好后翻面，再加入1大勺猪油。

两面均上色后盛出，用铲子剁成小块。撒上切好的香菜末，蘸鱼露或者辣椒酱食用。

制作小贴士

1. 制作蚵仔煎一定要用猪油，而且火要大，这样才能外焦里嫩，味道香醇。
2. 剩余猪油可以放入饭盒中冷藏保存，用来烙饼、拌面条或者做酥皮都非常好。

街头流行小吃
地方特色小吃
休闲小吃
异国风味小吃

土家掉渣饼

🍲 原料

面饼： 面粉 250 克，酵母粉 3 克，白糖 10 克，油 10 克，温水 140 克

调味油： 油 200 克，葱 20 克，姜 10 克，蒜 5～6 瓣，麻椒 30 粒，芹菜 20 克，八角 3 个，桂皮段（2 厘米长）

馅料： 做好的调味油，猪肉馅 150 克，郫县豆瓣酱 25 克，蒜 6 瓣，姜 1 块，肉松 10 克，料酒 5 克，孜然粉 2 克，花椒粉 2 克，辣椒粉 5 克，蚝油 30 克，香葱 1 根，熟芝麻 2 克

🍲 做法

① 面粉中放入酵母粉、水、白糖和油搅匀，揉成光滑柔软的面团，放在温暖处发酵。

② 制作调味油：葱和芹菜切段，蒜切块，姜切片。

③ 锅中倒油，开小火，放入八角、麻椒、桂皮段、葱段、姜片、蒜块和芹菜段。

④ 食材炸黄、炸干后关火。

⑤ 晾凉后滤去料渣，得到干净的调味油。

⑥ 锅中倒少许调味油，放入豆瓣酱炒香至出红油，晾凉备用。

⑦

肉馅放到案板上，放入料酒和
切好的蒜末、姜末。

⑧

用刀将肉馅和刚放入的调料剁匀。

⑨

剁好的肉馅放入碗中，放入炒
好的红油豆瓣酱，加孜然粉、
花椒粉和辣椒粉搅匀。

⑩

放入蚝油、肉松和部分熟芝麻。

⑪

搅匀后馅料就做好了。

⑫

发酵好的面团分成3份，擀成
约0.5厘米厚的圆饼。

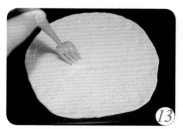
⑬

饼皮放到烤盘上，用叉子扎眼，
以免烤的时候鼓起来。

⑭

用勺子将馅料摊在饼皮上。

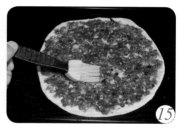
⑮

用刷子刷上调味油。

⑯

撒上切好的葱花和剩余熟芝麻。

⑰

烤箱预热至230℃，将面饼放
入中上层烤10分钟。

制作小贴士

1. 一次可以多做些调味油和馅料。将调味油放入瓶中冷藏，馅料分成小份放入保鲜袋冷冻，想吃
掉渣饼的时候只要发好面团就可以制作了。调料油用来拌饺子馅或者拌凉菜也非常好吃。

2. 肉馅里还可以放切碎、泡发的香菇末和榨菜末。

3. 不同烤箱温度会有差异，要根据实际情况调节温度和时间。

街头流行小吃

地方特色小吃

休闲小吃

异国风味小吃

酸辣粉

🍲 原料

主料：红薯粉（或者土豆粉）50克，黄豆20克

调料：醋40克，酱油10克，辣椒油20克，猪油10克（可选），白糖3克，熟芝麻5克，花椒粉3克，白胡椒粉2克，香葱1根，蒜3瓣，姜1片，香菜1根，香油少许，盐适量

做法

① 粉条和黄豆分别用温水泡软、泡涨。

② 锅中倒油烧热，泡软的黄豆控水后放入锅中炸至金黄色时捞出。

③ 煮粉条前将所有调料准备好，以方便取用。

④ 葱切葱花、香菜和姜切末、蒜捣成蒜泥备用。

⑤ 取锅烧水，烧水时取一个小盆或大碗，放入盐、辣椒油、猪油、花椒粉、白胡椒粉、蒜泥、姜末、香油、白糖和熟芝麻。

⑥ 取半碗开水倒入调料中搅匀，然后倒入酱油和醋搅匀，酸辣汤就做好了。

⑦ 开水中放入泡软的粉条煮2分钟，粉条透明后捞出。

⑧ 捞出的粉条放入酸辣汤中，撒上葱花、香菜末和酥黄豆即可。

制作小贴士

1. 调料中的猪油有增香的作用，不喜欢的可以不放。
2. 如果用高汤做酸辣汤，味道会更好。
3. 煮粉条前可以先烫一些绿叶蔬菜放入酸辣汤中。

街头流行小吃

地方特色小吃

休闲小吃

异国风味小吃

鸡蛋灌饼

🍲 原料

主料：面粉 200 克，鸡蛋 2 个

调料：香葱 20 克，盐 3 克，料酒 5 克，油 15 克，开水 80 克，凉水 20 克，花椒粉少许

🍲 做法

190 克面粉放入盆中，边浇开水边搅成面絮。

放入凉水，揉成光滑柔软的面团，盖好醒 30 分钟。

鸡蛋打散，加盐、切好的葱花和料酒搅匀，倒入有尖口的量杯中。

另取 10 克面粉，加油和花椒粉搅成油酥。

面团分成 3 ~ 4 份。

面团擀成较薄的面皮，抹上油酥。

面皮从下至上卷起来。

卷成面卷。

用手按扁。

用擀面杖擀成饼。

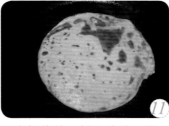
平底锅烧热，倒少许油，放入饼坯，上色后翻面。

在鼓起处挑开一个口，倒入蛋液煎至凝固。

制作小贴士

1. 蛋液放入带尖口的容器更容易灌入饼中。
2. 鸡蛋灌饼可以抹上蒜蓉辣酱，放上青菜卷起来吃。
3. 如果嫌麻烦可以不做油酥，直接在面皮上刷油即可。
4. 蛋液中放入料酒能去腥。

街头流行小吃

地方特色小吃

休闲小吃

异国风味小吃

麻辣烫

📋 原料

主料：鱼丸、虾丸、蟹棒、羊肉片、豆腐皮、火锅饺、水晶粉、年糕条、蔬菜适量

汤料：麻辣火锅底料 50 克，郫县豆瓣酱 30 克，干辣椒 3 个，花椒粉 5 克，大葱 1 根，姜拇指大 1 块，油 25 克

蘸料：芝麻酱 20 克，韭菜花 15 克，红腐乳汁 15 克，蒜 3～5 瓣，辣椒油 10 克

做法

锅烧热倒油，放入干辣椒、切好的葱段和姜片爆香。

放入火锅底料和郫县豆瓣酱小火慢慢炒出红油。

放入几碗高汤或者清水烧开。

放入花椒粉，小火煮5分钟。

先放冷冻的各种丸类、火锅饺和年糕条，开锅后，食材会浮起来。

再放水晶粉、切好的豆腐皮和羊肉片。

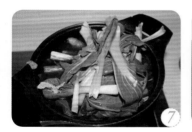

开锅后放入蟹棒和蔬菜。

煮开锅后关火即可。

煮麻辣烫的同时制作蘸料：芝麻酱、韭菜花和红腐乳汁放入碗中，加凉开水搅成稀糊状。

放入捣好的蒜泥和辣椒油搅匀即可。

制作小贴士

1. 可以根据喜好决定汤料麻辣的程度——增加或减少干辣椒和花椒粉的用量即可。喜欢浓重麻椒味的可以加些绿麻椒粉——加花椒粒或麻椒粒也可以，只是吃的时候容易咬到，不舒服。
2. 如果喜欢吃辣的，可以将干辣椒剪成小段。
3. 主料的选择范围很多，可以根据喜好选择，难熟的食物先煮。
4. 可以将主料用竹签穿成串来煮。

土家酱香饼

🥘 原料

面饼：面粉 300 克，温水 200 克

酱料：（大约能刷 3～4 张饼）郫县豆瓣酱 10 克，黄豆酱（或者甜面酱）10 克，蒜蓉辣酱 10 克，孜然粉 5 克，芝麻粉 10 克，白糖 10 克，油 30 克，八角 1 个，花椒 20 粒

调料：熟芝麻 5 克，花椒粉 3 克，葱花少许

🥘 做法

面粉放入盆中，边倒温水边用筷子搅成面絮。

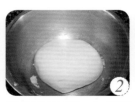

用手揉成面团，如果不光滑，盖好静置 10 分钟再揉。揉好的面团盖好醒 20 分钟。

制作酱料：锅中倒油，放入花椒和八角小火炒香，变色后捞出，油留在锅中备用。

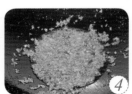

放入郫县豆瓣酱，小火慢慢炒出香味和红油。

倒入黄豆酱和蒜蓉辣酱，炒香。

倒入半碗水，烧开，放入白糖、孜然粉和芝麻粉，中小火加热。

关火（不能煮得太干，否则不好往饼上刷）。

根据锅的大小将醒好的面团分成 2～3 份，擀成薄片，撒上花椒粉。

倒油，将面片的四角分别折到中央沾满油。

如图所示，用刀在面片上切几道，但是不要切开。

折叠在一起，叠成一个多层面饼。

用手将四周捏紧。

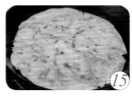

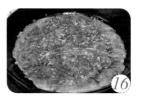

面饼擀成较薄的大饼，饼要擀得比平底锅大一圈。

锅中倒油烧热，放入擀好的大饼，饼会自然堆出皱褶。

中火将饼的两面烙成金黄色。

刷上做好的酱料，撒上熟芝麻和葱花关火。

饼取出放在案板上切大块，然后摞在一起。

用刀再切成小块，放入盘中即可。

制作小贴士

1. 和面时水要分次加入。面团要揉得软一些，这样饼才会柔软。
2. 将面饼擀得小一些也没关系，没有皱褶不影响味道。
3. 烙饼时如果用小火就必须盖上锅盖，不然饼会又干又硬。如果饼不是太厚，最好用中火或者中大火烙。
4. 给饼刷酱时不要一次刷太多，根据口味调整用量。
5. 制作酱料时先将100克肉末炒变色再放其他调料，这样做出来的酱料更香。
6. 剩余酱料放到干净的瓶中冷藏保存，可以用来炒菜、拌菜或者拌面等。

冰糖葫芦

原料

山楂20个，冰糖150克，水150克

做法

① 山楂洗净后对半切开，去籽，然后成对摆放在一起。

② 切开的山楂拼在一起，按照从小到大的顺序穿在竹签上，一串穿3～4个即可。

③ 冰糖和水倒入锅中。

④ 中大火煮至冰糖熔化，表面起大泡。

⑤ 转中小火煮至冰糖变色，表面起小泡时关火，将山楂串放入锅中快速转。

⑥ 拍在抹有凉水的案板上，这样冰糖葫芦上会有一个平的糖板，好看又好吃。

制作小贴士

1. 可以选择自己喜欢的水果制作冰糖葫芦。
2. 每串少穿些山楂，这样不仅好操作，吃起来也没负担。
3. 如果放芝麻，可以将其撒在熬好的糖浆里。我本想撒在刚做好的糖葫芦上，但是糖浆凝固的速度太快，芝麻沾不上。
4. 将山楂串放进锅里裹糖浆容易烫伤，还是将其放入盘中，边转边倒糖浆，然后拍到案板上最好。不过两种方法都需要快速操作，因为糖浆的凝固速度很快。
5. 检验糖浆是否熬好的方法：在锅边放一碗凉水，用筷子蘸糖浆后放入碗中冰一下，取出筷子用牙咬一下糖，脆且不粘牙说明糖浆熬好了；如果粘牙就得再熬一会儿。

玫瑰
镜糕

原料

主料：大米 100 克，糯米 100 克，烤熟（或油炸）的花生 20 克，凉水 80～100 克

调料：玫瑰酱 30 克

做法

1

大米和糯米放入漏勺中冲洗干净，摊开晾干后放入搅拌机搅打成米粉。

2

边加水边搅拌至米粉变湿润即可。

3

米粉用手搓松，用小勺盛入抹了油的小容器中，不要压实，将表面抹平即可。

4

蒸锅放水大火烧开，将小容器放到箅子上，盖上锅盖大火蒸 8 分钟。

5

用牙签将蒸好的镜糕挑出来，每个镜糕上插两根牙签。

6

用勺子将玫瑰酱淋到镜糕上。

7

撒上用擀面杖擀碎的熟花生即可。

> ### 制作小贴士
>
> 1. 米粉颗粒稍微大一点儿也没关系。
> 2. 玫瑰酱如果较干，可以加蜂蜜稀释。

街头流行小吃

地方特色小吃

休闲小吃

异国风味小吃

萝卜糕

🍲 原料

主料：白萝卜 1000 克，腊肠 50 克，干香菇 5 个，干虾米 20 克，大米 150，黏米粉 100 克，澄粉 50 克，凉水 250 克

调料：蒜 2 瓣，五香粉 2 克，白糖 15 克，猪油（或植物油）30 克，香油 5 克，盐适量

🍲 做法

大米加水（没过米）浸泡一夜。干香菇用温水泡软。

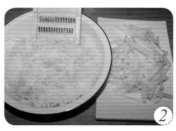

萝卜去皮，2/3 的萝卜擦细丝，剩余萝卜切条。

泡好的米和水一起放入搅拌机搅打成米浆。

加入黏米粉和澄粉，搅成米糊。

泡好的干香菇切丁，蒜拍碎去皮，干虾米洗净切碎，腊肠切小丁。

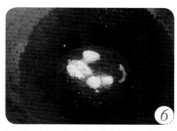
锅烧热倒油，加蒜爆香后捞出蒜扔掉。

放入腊肠丁炒香，再放入虾米碎和香菇丁炒香，盛出备用。

重新将锅烧热，倒少许油，放入萝卜条，炒至略软。

放入萝卜丝，炒至熟透变软。

炒过的腊肠丁、香菇丁和虾米倒入锅中一同翻炒。

加五香粉、白糖、香油和盐调味，倒入米糊，快速炒匀。

倒入抹过油的容器中抹平，上锅蒸45～60分钟。

晾凉后切块，可以直接吃，也可以用少许油煎一下再吃。

制作小贴士

1. 将部分萝卜切条是为了让萝卜糕更有嚼头。
2. 萝卜糕一定要晾凉后再切块，否则不易成形。
3. 做好的萝卜糕可以切块后冷冻保存，吃的时候无须解冻，直接在油锅中煎软即可。

奶香大麻花

原料

面粉 400 克，酵母粉 4 克，白糖 50 克，盐 2 克，牛奶 120 ～ 140 克，鸡蛋 2 个，色拉油 20 克

做法

所有原料混合，和成光滑的面团，盖好静置发酵。

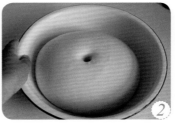

发酵至原来的两倍大。

发酵好的面团取出揉光滑，擀成 1 厘米厚的面饼。

面饼切长条。

用手搓细搓长。

面条对折，双手捏住两端朝相反的方向拧。

再对折提起，面条自动拧成麻花。

如图将尾部塞进去，麻花生坯就做好了。

放入托盘，相互间留出空隙，放到温暖处醒30分钟。

醒至麻花生坯略胀大。

锅中倒油，烧至五成热，放入麻花生坯。

转小火，用筷子不时翻动，麻花会随着油温升高而浮上来，还会慢慢胀大，将麻花每一面炸至金黄色时捞出。

制作小贴士

1. 步骤9中进行第二次发酵时，麻花生坯不用盖住，这样吃起来更酥脆。另外，麻花生坯不用发至两倍大，因为麻花炸制时还会胀大。
2. 步骤11中，麻花放进去沉底，油微微起小泡说明油温适中。
3. 炸麻花始终要用小火，不然上色太快，里面不容易熟。

街头流行小吃

地方特色小吃

休闲小吃

异国风味小吃

肉夹馍

🍱 原料

馍：面粉 500 克，酵母粉 2.5 克，泡打粉 2.5 克，食用碱 2 克，色拉油 30 克，温水 200 克

馅料：猪肉（略肥）500 克

调料 A：炒好的糖色 1 碗，老抽 7 克，生抽 15 克，葱段 15 克，姜 7 克，盐适量

调料 B：干辣椒、芝麻酱、香油、香葱、香菜适量

🍱 做法

猪肉切 10 厘米见方的大块，放入凉水中浸泡 2 小时以上。	泡好的猪肉洗净，放入锅中，多加些水，大火烧开撇净浮沫。	放入调料 A，大火烧开，转小火炖约 2 小时，直到肉软烂。	面粉放入盆中，放入酵母粉、泡打粉、食用碱和色拉油，倒水用筷子搅成面絮。

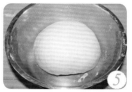

揉成光滑的面团（稍微硬一些），将面团盖好放在温暖处发酵。

发好的面团揉匀后均分成若干份。

取其中一份搓成细长条。

用手压平，再用擀面杖擀长。

面片卷成圆筒，尾部压在面卷底端。

面卷竖直放在案板上，用手按成小圆饼。

用擀面杖擀成厚0.8厘米、直径约10厘米的圆饼，其他几份按同样方法做好。

煎锅烧热（不用放油），放入擀好的面饼，盖上锅盖，小火将一面烙上色后翻面，盖上锅盖将另一面烙上色。

肉捞出，放少许肉汤剁成碎末。

干辣椒炸辣椒油，芝麻酱加温水和香油搅匀。

香葱切葱花，香菜切末。

馍放在案板上用一只手按住，另一只手拿刀从侧面切开，留1厘米相连即可。

用勺子将调好的芝麻酱抹到馍里，再放入剁好的肉末，加葱花、香菜末和少许辣椒油即可。

制作小贴士

1. 浸泡猪肉时最好多换几次水，这样肉里的血水才能彻底泡出来。
2. 如果想节省时间，可以使用高压锅炖肉。
3. 肉可以提前做好晾凉，连同汤汁分成小份放入冰箱冷冻保存，吃的时候拿出来在锅里蒸一下即可。
4. 烙好的馍放一下午也不会变硬，馍烙多了可以包上保鲜膜放入冰箱冷藏保存，3天后取出还很柔软。
5. 做馍的面团如果完全发酵，做出的馍会比较软；如果没有完全发酵，做出的馍既酥脆又筋道。可根据喜好决定面团发酵的程度。
6. 和面时一定要加食用碱，这样做出来的馍有碱面的香气，非常好吃；而加食用油做出的馍外酥内嫩，凉了也不会硬。
7. 烙馍时一定要用小火并且盖锅盖，这样烙出来的馍才好吃。

街头流行小吃

地方特色小吃

休闲小吃

异国风味小吃

手抓饼

原料

饼：面粉600克，沸水250克，凉水100克，色拉油、花椒粉、盐适量

卷料：鸡蛋1个，火腿1片，葱花少许，蒜蓉辣酱、绿叶蔬菜适量

做法

1. 面粉放入盆中，慢慢倒入沸水，边倒边用筷子搅成面絮。

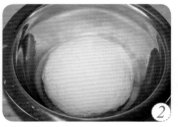

2. 慢慢倒入凉水，边倒边用筷子搅拌，然后和成面团，盖好醒20分钟。

3. 醒好的面团分成小份。

4. 面团擀成长方形的薄面片。

5. 撒花椒粉和盐，抹匀，中间倒色拉油，分别将面片的4个角折向中间按一按。

6. 油不要放太多，面片上能沾薄薄的一层即可。

如图，将面片层层叠起。

层次面朝上，从两端对着往里卷，边卷边横向轻轻抻长，最后卷成两个圆筒。

从中间切开，尾部压到面卷底端，用手轻轻压扁。

用擀面杖轻轻擀成薄饼坯。

平底锅烧热倒油，放入饼坯，一面烙好后翻面，烙至两面呈金黄色。

平底锅刷薄薄一层油，放入火腿片，打入1个鸡蛋，用铲子将蛋黄轻轻搅散。

蛋液没完全凝固时，将烙好的饼盖到鸡蛋上轻轻按压，让饼和鸡蛋结合。

稍微煎一会儿关火，将饼翻面（鸡蛋面朝上），刷上蒜蓉辣酱，撒上葱花。在饼的一侧放上煎好的火腿片。

在火腿片上放绿叶蔬菜，将饼对折，即可享用。

制作小贴士 ▶

1. 如果没有量具，可以根据经验和面，面团要和得软一些。饼上还可以放擀碎的熟芝麻。

2. 和面时，面团温度高会发黏，揉不光滑，这时可以放入冰箱冷藏一会儿，取出再揉就光滑了。

3. 如果饼坯较薄，不用盖锅盖，用中火烙至两面呈金黄色；如果饼坯较厚，烙的时候用中小火，盖上锅盖（否则饼的水分会慢慢流失），这样容易熟还不硬。

4. 如果有时间，可以一次多和一些面，撒花椒粉和盐，倒油卷成多个饼剂子擀好。在盘中铺一层保鲜膜，放上擀好的饼，饼上再铺一层保鲜膜，再擀一张饼放在上面……照此办法全部将饼擀完摆好，放入冰箱冻实后放入保鲜袋，冷冻保存。做早饭时，拿出一张或几张（轻轻一揭饼就会分开，如果用手揭不下来，就用刀尖在饼边轻轻一撬，饼就会分开，因为中间有保鲜膜隔着，不会粘连），无须解冻直接放入平底锅中，中火烙制，再放上煎蛋、煎火腿片、葱花和绿叶蔬菜即可——制作过程不超过5分钟，非常方便。

街头流行小吃

地方特色小吃

休闲小吃

异国风味小吃

双皮奶

🍽 原料

全脂牛奶 200 克，蛋清
1 个，白糖 20 克，水果
（蜜豆或者果酱）适量

🍽 做法

① 白糖和牛奶放入小锅。

② 小火煮至微开后关火。

③ 倒入碗中晾至温热，牛奶上会结一层厚奶皮。

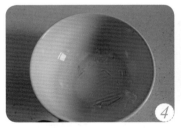

④ 用筷子将奶皮挑起一个角，将牛奶倒入刚才的小锅中，碗中留少许牛奶，不然奶皮会粘底。

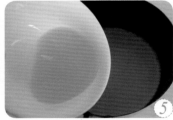

⑤ 小锅中倒入蛋清搅匀，过筛。

⑥ 小锅中的牛奶蛋液慢慢倒入牛奶碗中，碗中的奶皮会浮起来，将碗放入蒸锅。

⑦ 盖上盘子或者保鲜膜，大火蒸上汽后转中火蒸 12 分钟，关火，焖 5 分钟后取出。放上水果、蜜豆或者果酱做装饰。

制作小贴士 ▶

1. 使用全脂牛奶制作才能结出厚奶皮。
2. 步骤4中，牛奶碗里一定要留一点儿牛奶，这样奶皮才不会粘底，再次倒入牛奶蛋液后奶皮才会浮起来。

酸梅汤

🍲 原料

主料：乌梅80克，山楂干50克，甘草5克，陈皮5克，干桂花5克
调料：冰糖200克，水4千克

🍲 做法

1. 乌梅用水浸泡30分钟，其间换几次水。将山楂干、甘草、陈皮和泡好的乌梅放入漏勺中，用流水冲洗干净。

2. 洗过的原料放入汤锅中，加水烧开。

3. 转中小火煮1小时。

4. 放入冰糖煮20分钟。

5. 放入冲洗干净的干桂花煮10分钟，关火。

6. 晾凉后用细纱布过滤，冷藏后饮用更佳。

制作小贴士

1. 乌梅浸泡后能去除烟熏味。
2. 自制酸梅汤比买的中药味淡一些，如果喜欢酸梅汤有较浓的中药味，可以加入5克桂皮和3克丁香。

街头流行小吃　地方特色小吃　休闲小吃　异国风味小吃

吮指鸡块

🍲 原料

主料：鸡胸肉 200 克

调料：鸡蛋 1 个，盐 5 克，干淀粉 15 克，料酒、姜粉（或者姜末）少许，黑胡椒粉、面粉、面包糠适量

🍲 做法

鸡胸肉去筋膜，切小块。

鸡肉块放入搅拌机，加入料酒、盐、姜粉和黑胡椒粉。分离蛋清和蛋黄，蛋清倒入搅拌机，蛋黄放入干净的碗中。

将鸡肉块打成泥后，倒入碗中，加干淀粉顺着一个方向搅匀备用。

面粉放入小盘，用勺子在水中蘸一下后舀1勺鸡肉泥，放在面粉上。

肉泥滚上面粉后，整成球形。

放入盘中轻轻按压成圆饼。

取一个小圆饼放入蛋黄液中裹上蛋液，然后用筷子夹出。

放入盛有面包糠的盘中，使其均匀地沾满面包糠。

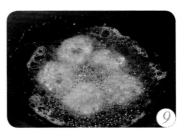

锅中倒油，五成热时放入肉饼，中小火每面炸1分钟直至外皮变色。

制作小贴士

1. 步骤4中鸡肉泥一次不要舀太多，因为炸的过程中肉块还会胀大。
2. 步骤5中最好用筷子翻滚肉泥，使其均匀地沾上面粉。
3. 将筷子插入油中，如果筷子头周围有气泡，说明油温烧至五成热了。
4. 可以用空气炸锅或者烤箱代替炒锅，但是用炒锅炸出来的鸡块味道最好。吃的时候可以撒椒盐或者蘸沙拉酱、番茄沙司和甜辣酱。
5. 一次多做一些鸡块，平放在大托盘中，晾凉后装入保鲜袋或保鲜盒，放入冰箱冷冻保存，吃的时候不用解冻，直接油炸即可。

街头流行小吃

地方特色小吃

休闲小吃

异国风味小吃

土豆丝卷饼

🍲 原料

饼：面粉 80 克，凉水 240 克，鸡蛋 2 个，葱花少许

卷料：葱花 10 克，土豆 1 个，彩椒 1/4 个，蒜苗 10 根，香菜 2 根，花椒粉、盐、醋少许，蒜蓉辣酱、辣椒油适量

🍲 做法

土豆去皮洗净切丝，放入水中洗去表面淀粉，用流水冲洗至水清澈，放入水中泡10分钟以上，捞出控水。彩椒切丝、蒜苗切段。

锅烧热倒油，放入葱花爆香，放入土豆丝和彩椒丝翻炒，加盐、醋和花椒粉调味。

翻炒至土豆丝微软，放入蒜苗段炒匀关火。

制作面糊：面粉放入碗中，倒水搅成稀面糊，加葱花拌匀。

平底锅烧热倒少许油，转动锅柄使油铺满锅底，倒入一半面糊，使其均匀地铺满锅底。

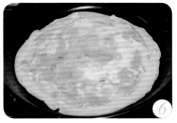

将1个鸡蛋打在面饼上，用铲子轻轻搅散，使蛋液均匀地铺在面饼上。

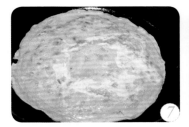

顺着饼边淋少许油，将有蛋液的一面烙上色。

翻面，让没有蛋液的一面朝上，在一侧放上卷料，留出饼边。

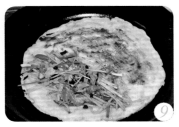

在饼的另一侧刷蒜蓉辣酱，浇少许辣椒油，放上香菜。

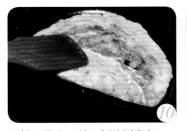

用铲子将土豆丝一侧的饼卷起。

如图继续卷至另一侧即可。

制作小贴士

1. 如果面糊较稀，烙出来的饼会比较薄。
2. 由于炒土豆丝时已经放盐，而且饼上还要刷酱，所以面糊里无须放盐。

脆皮炸鲜奶

🍲 原料

鲜奶糕：牛奶 250 克，白糖 35 克，玉米淀粉 30 克，炼乳 20 克，鸡蛋 3 个
脆皮：低筋面粉 100 克，冰水 120 克，泡打粉 2 克

🍲 做法

牛奶倒入汤锅中，倒入白糖、炼乳和玉米淀粉。

顺着一个方向搅拌至没有颗粒。

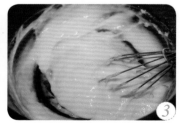

放到炉具上，中火加热，不停搅拌至浓稠。

转小火继续加热并不停搅拌，锅边出现气泡后再煮几分钟关火，端离炉具。

分离蛋清和蛋黄，蛋清打入碗中搅散。

蛋清分3次倒入奶糊中，边倒边顺着一个方向搅匀。

奶糊倒入铺有保鲜膜的容器中，盖上保鲜膜晾凉后放入冰箱冷藏6小时以上或冷冻1小时。

完全凝固后取出，撕掉保鲜膜。

切成手指长、2厘米粗的小条。

冰水、低筋面粉和泡打粉混合，搅匀。

将鲜奶糕条裹满脆皮浆。

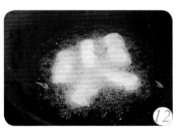

锅中倒油，烧至六成热，将裹了脆皮浆的奶糕放入热油中炸成金黄色，取出放在厨房纸巾上控油。

制作小贴士

1. 做奶糊时一定要不停搅拌，以免煳锅。
2. 倒入蛋清时一定要将奶糊端离热炉具，并且分次倒入，边倒边搅拌，以免蛋清被烫成疙瘩。
3. 用筷子插入油内，四周有均匀的小气泡时说明油温适宜。
4. 制作脆皮浆一定要用冰水，这样炸出来的鲜奶皮才更酥脆。

打饭包

原料

主料：大米 200 克，小米 100 克

调料：白菜叶 5 片，香菜 5 根，香葱 10 根，黄豆酱 10 克，鸡蛋 2 个，土豆 3 个，香辣酥 30 个，十三香 3 克，盐适量

做法

大米与小米按 2 ∶ 1 混合，煮成二米饭。

白菜叶、香葱和香菜洗净，用淡盐水泡 30 分钟，沥干备用。

取 2 个土豆去皮、洗净并切丁，锅中倒油，炒土豆丁。

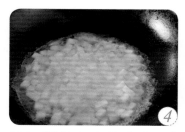

加水（没过土豆丁）和十三香大火烧沸，转小火盖上锅盖焖几分钟。

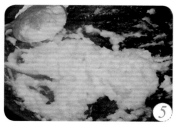

土豆丁变软，锅中有少许汤时关火，用勺背将土豆丁捣成泥。

制作鸡蛋酱：锅中倒油，无须烧热，立即放入搅打均匀的鸡蛋液，用筷子快速搅散。

放入用水稀释了的黄豆酱，炒香。

取1个土豆去皮洗净，用擦丝板擦成细丝，放入清水，洗去表面淀粉，捞出沥干。

锅内倒入植物油烧至五成热，抓一把土豆丝放入锅中，中火炸至金黄色。

取一片白菜叶，放上二米饭、土豆泥、鸡蛋酱、炸土豆丝和香辣酥拌匀。

放入切好的葱花和香菜末。

用白菜叶将饭包起来即可。

制作小贴士

1. 鸡蛋酱不要太干，制作时不用放盐，因为黄豆酱比较咸。
2. 可以用韩国大酱代替黄豆酱。炒好的鸡蛋酱最好呈粥状，如果较干可以加少许水。
3. 土豆丝越细，炸好后口感越酥脆，所以擦丝时擦得越细越好。
4. 步骤8中，先用手将土豆丝表面的淀粉搓掉，再用流水将土豆丝淘洗至水清不混。
5. 步骤9中，放入土豆丝后锅中有密集的气泡，说明油温适宜。
6. 自家炸东西时可以少放油，分2~3次炸。放土豆丝时不用抖散，也不用一根根地放，一把扔进去即可，保证不会粘连。
7. 炸土豆丝时用中火，看见土豆丝微微变色后边用筷子搅拌边炸，这样上色比较均匀，炸好的土豆丝变凉后不回软。
8. 打饭包可以用生菜叶或者其他大一些的青菜叶制作。

章鱼小丸子

🍲 原料

面皮：低筋面粉 125 克，鸡蛋 1 个，生抽 5 克，凉水 250 克，泡打粉 2 克

馅料：卷心菜 30 克，洋葱 20 克，章鱼 100 克

照烧汁：酱油 20 克，蜂蜜 20 克，水淀粉 30 克，味醂 10 克

其他：沙拉酱 30 克，海苔碎 5 克，木鱼花 20 克

🍲 做法

章鱼洗净，用开水焯一下，捞出晾凉。

低筋面粉加凉水搅匀，放入生抽、鸡蛋和泡打粉搅匀。

制作照烧汁：酱油和蜂蜜放入锅中烧热，放入水淀粉搅匀。

④ 放入味醂，搅至浓稠关火，盛出晾凉。

⑤ 章鱼、洋葱和卷心菜切丁备用。

⑥ 预热丸子锅，锅底刷少许油。

⑦ 倒入一半面糊。

⑧ 放入章鱼丁。

⑨ 放入卷心菜丁和洋葱丁。

⑩ 再倒入另一半面糊。

⑪ 用竹签将小丸子翻转 90°。

⑫ 烤一下再翻转 90°，将馅料包起来，做成圆形的小丸子。

⑬ 在每个丸子上淋食用油，不时地翻转，直到全部呈金黄色时取出。

⑭ 丸子放入盘中淋上照烧汁，挤沙拉酱，撒木鱼花和海苔碎即可。

◤ 制作小贴士 ▶

1. 味醂可以用料酒代替。
2. 烤丸子时火不要太大，否则来不及翻动丸子就煳了。
3. 调好的面糊最好倒入量杯或者带壶嘴的小壶中，这样倒面糊时更方便。

咖喱鱼蛋

🍲 原料

主料：黄金鱼丸 300 克

调料：咖喱粉 20 克，咖喱 2 块，
洋葱 30 克，椰浆 50 克

🍲 做法

①

锅烧热倒油，放入切好的洋葱
丁小火炒香。

②

放入咖喱粉小火炒香。

③

放入 1 碗水。

④

放入咖喱块煮化。

⑤

放入黄金鱼丸。

⑥

放入椰浆。

⑦

小火煮几分钟，待汤汁稍微变
浓后关火，盖上锅盖焖 5 分钟
使鱼丸入味。

制作小贴士

1. 黄金鱼丸比较好吃，如果买不到可以用原味鱼丸代替——
   完全解冻后放入油锅中炸成金黄色再使用。
2. 咖喱块换成咖喱酱味道更浓郁。
3. 煮鱼丸时尝一下汤汁，根据口味决定是否放盐，因为咖喱
   粉、咖喱块和鱼丸都有咸味。

炒实蛋

原料

主料：鸡蛋6个，火腿肠2根

调料：食用碱3～5克，洋葱1/2个，蒜蓉辣酱40克，熟芝麻10克，孜然粉10克，辣椒粉适量

做法

鸡蛋打入盆中，加入食用碱搅匀。

搅好的蛋液放入蒸锅，大火蒸上汽后，转小火蒸15分钟。

取出蒸好的实蛋，晾至不烫手，用刀在实蛋四周划一圈，从盆中取出放在案板上切厚片。

洋葱切粗丝。

火腿肠切成和实蛋一样大小的片。

锅烧热倒油，放入切好的实蛋和火腿肠，煎炒至两面起脆皮。

倒入蒜蓉辣酱，放入洋葱丝、熟芝麻、孜然粉和辣椒粉炒匀。

制作小贴士

1. 盛蛋液的容器最好选用不锈钢或搪瓷的，受热快。食用碱分多次加入，这样可以边加边看颜色，蛋液变深、呈淡红色即可。

2. 蛋液搅得越均匀，蒸出的实蛋效果越好。蛋液上的气泡可以用勺子撇出去，这样蒸好的实蛋表面更光滑。

3. 蒸实蛋时，上汽后一定要用小火，火大了会出现蜂窝眼。实蛋蒸到全部变成绿色即可；或者用筷子在实蛋中央扎一下，抽出筷子没有蛋液说明已经蒸好了。

4. 炒实蛋时一定要放洋葱，这样味道才正宗。不要用火腿罐头或午餐肉代替火腿肠，否则炒出来不但易碎，而且味道也不对。如果不喜欢吃火腿肠也可以不加。

街头流行小吃

地方特色小吃

休闲小吃

异国风味小吃

黄金麻团

原料

面皮：红薯（或者南瓜）250 克，糯米粉 100 克，白芝麻半碗，白糖 20 克（可选）

馅料：红豆 200 克，白糖 50 克，油 20 克

做法

红豆洗净，放入高压锅，倒水（没过红豆3厘米），盖上锅盖，大火烧开后转小火煮30分钟，关火完全放汽后打开锅盖。

捞出红豆，放入搅拌机中搅打成泥，趁热放入1/3白糖搅匀。

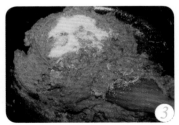

红豆泥放入锅中小火慢慢炒干，其间分次放入剩余白糖和油。

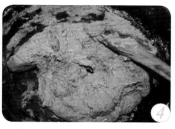
豆沙炒至浓稠易成形后分成若干个小球，每个约15克。

红薯去皮切大块蒸熟。

蒸好的红薯用勺背压成红薯泥。

趁热放入糯米粉和白糖搅匀，用手揉成红薯面团。

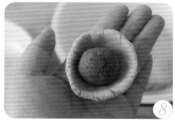
取20克红薯面团揉圆捏出窝，放入15克豆沙球。

用虎口处收口，然后揉成圆球。

做好的红薯球沾水后放入芝麻碗中，晃动芝麻碗使其均匀地裹上芝麻，取出用手搓一搓，使芝麻沾得更牢固。

锅中倒油烧至三成热，筷子插入油中有微小的气泡即可，放入裹满芝麻的麻团坯。

小火慢炸约10分钟，不时拨动麻团让其转动，这样麻团才能均匀地胀大而不胀破，待麻团胀大、外皮呈金红色时捞出。

> ## 制作小贴士
>
> 1. 制作面皮时，糖的用量根据个人口味决定。
> 2. 豆沙馅炒过之后味道更好，炒豆沙时最好用不粘锅。
> 3. 如果用普通的锅煮红豆，最好提前浸泡几小时再煮，但是这样用时较长，所以推荐使用高压锅。
> 4. 麻团捞出后不要挤在一起，而要平铺在案板上，因为热麻团很容易变形。

街头流行小吃　地方特色小吃　休闲小吃　异国风味小吃

煎饼果子

原料

薄脆：面粉 100 克，凉水 50 克，油 10 克，熟芝麻 10 克，盐 2 克

面饼：面粉 250 克，玉米粉 50 克，黄豆粉 20 克，食用碱（或泡打粉）1 克，凉水 350 克

酱料及其他：甜面酱 30 克，蒜蓉辣酱 50 克，香葱 3～5 根，香菜 3～5 根，五香粉（或十三香）2 克，香油少许，鸡蛋 1 个

做法

制作面糊：面粉、玉米粉、黄豆粉和食用碱混合，加水搅稠，盖好静置 40 分钟。

制作薄脆：所有薄脆用料混合，揉成较硬的面团，用保鲜袋包住静置 30 分钟。

面团擀成 0.5 毫米厚的大薄片。

切成约20厘米长、10厘米宽的片，然后在每片中间竖着划一刀。

锅烧热倒油，放入面片，炸上色后翻面，另一面也上色后捞出控油，薄脆就做好了。

甜面酱中加入五香粉、香油和温水搅成稀糊状。

煎饼锅烧热，转小火在锅边放1勺面糊。

用刮板朝一个方向画圆，将整个锅面铺上薄薄一层面糊。

转中火，打入鸡蛋。

用刮板将鸡蛋刮散并铺满整个饼面，待蛋液凝固、饼边翘起时，先用铲刀斜着将饼边铲离锅面，再将饼铲离锅面。

在有鸡蛋的一面刷蒜蓉辣酱和调好的甜面酱，撒上切好的葱花和香菜末，放上薄脆。

饼卷起，中间用铲刀剁开即可。

制作小贴士

1. 如果是新手，面糊最好和得稀一些，这样比较好操作。面糊越稠，煎饼就越酥脆。
2. 食用碱和泡打粉都能起到增香、增脆的作用，放一样即可，也可以都不放。
3. 制作薄脆时，可以用压面机压面片，这样效果更好。
4. 炸薄脆的油不能太热，火不能太大。面片平放入锅中立刻浮起、油起泡说明油温正好。面片要平着放进油锅，这样炸出来颜色和形状才好。薄脆炸好后放凉再装入容器，否则会回软。
5. 预热煎饼锅时，手放到锅面上方5厘米处能感觉到热时转小火。
6. 甜面酱要加水稀释，这样既增香、味道不咸还好涂抹。
7. 刮面糊时千万不要来回刮，一定要顺着一个方向一气呵成；如果面糊放多了，刮完后将剩余面糊刮回容器中。
8. 可以根据喜好在薄脆上放生菜、午餐肉或火腿肠。

铁板鱿鱼

原料

主料：鱿鱼 2 只
调料：蒜蓉辣酱（或烧烤酱）40 克，熟芝麻 5 克，孜然粉 6 克，孜然 5 克，植物油 20 克，辣椒粉适量

做法

① 鱿鱼竖着剪开。

② 去掉鱿鱼头和眼睛处的硬骨。

③ 取出内脏和竖着的鱼骨。

④ 撕掉鱿鱼皮，冲洗干净。

⑤ 每只鱿鱼用 2 根竹签穿上。

⑥ 铁板倒油烧热，放上鱿鱼烤至两面变硬，最好用压板压着烤，这样鱿鱼更平整。

⑦ 用铲刀将鱿鱼两侧横着切开。

⑧ 两面刷上植物油，再刷上蒜蓉辣酱，在铁板上稍微烤一下。

⑨ 撒上孜然粉、辣椒粉、孜然和熟芝麻即可。

制作小贴士

1. 清洗鱿鱼时最好将鱿鱼皮撕掉，这样更卫生。
2. 如果不使用竹签，可以将鱿鱼切成小条后放在铁板上烤，这样更方便入味，吃起来也更方便。
3. 根据口味调整辣椒粉的用量。

街头流行小吃
地方特色小吃
休闲小吃
异国风味小吃

五香茶叶蛋

🍲 原料

主料： 鸡蛋 15 个，红茶 20 克

调料： 花椒 50 粒，大料 3 个，香叶 2 片，桂皮段（3 厘米长），盐 15 克，酱油 30 克，老抽 20 克，小茴香少许

🍲 做法

① 鸡蛋用流水冲洗干净。

② 放入锅中，倒入盐。

③ 加水没过鸡蛋，大火煮开，转中火继续煮 10 分钟。

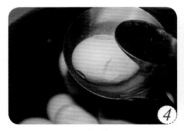

④ 如图所示，用勺背或其他工具将蛋壳敲出裂纹。

⑤ 放入红茶和剩余调料，大火烧开，盖上锅盖小火煮 30 分钟，关火。

⑥ 茶叶蛋浸泡 2 小时以上使其更入味。

制作小贴士

1. 煮茶叶蛋时通常用红茶，用普洱茶煮出的茶叶蛋无论颜色还是味道都更好。
2. 调料可以放入调料盒，也可以直接放入锅中。如果嫌准备调料麻烦，可以使用超市里卖的成品调料包。
3. 煮茶叶蛋时先放少许盐，这样蛋不易破裂——即使破裂也不会有蛋液大量流出。

叉烧包

🍲 原料

面皮：低筋面粉 300 克，酵母粉 5 克，白糖 30 克，黄油（或猪油）10 克，泡打粉 10 克，臭粉 1 克，温水 135 克

馅料：叉烧肉 200 克，蚝油 20 克，蜂蜜 20 克，香油 5 克，水淀粉 30 克

🍲 做法

取一半低筋面粉放入盆中，放入 75 克温水和酵母粉。

用筷子搅成面絮。

揉成面团，发酵得大一些，制成老面即酵种。

发酵的时间长一些，发好的面里有大孔。

肉切小丁。

蚝油、蜂蜜、香油和水淀粉放入干净的碗中搅匀。

调好的汁和肉丁一起放入锅中，开火煮黏稠后盛出晾凉，馅料就做好了。

发好的老面中放入黄油、泡打粉、臭粉、白糖、60 克温水和剩余低筋面粉。

和成光滑的面团，然后分成 30个小面团。

擀成圆皮，放入 1 勺馅料。

像包包子一样收口。

将封口处捏紧，不能露馅。

锅中倒入凉水，放入叉烧包，大火蒸上汽后再蒸 10 分钟。

▶ 制作小贴士

1. 老面可以提前做，但是发酵时间不要超过12小时，不然影响发酵的效果。
2. 如果没有叉烧肉，可以将梅花肉切成厚片，淋上叉烧酱，放入冰箱腌制一夜，然后放入预热至200℃的烤箱的中层烤30分钟。
3. 臭粉主要起到裂口的作用，可以不放。
4. 面皮不能太薄，否则蒸出来不够暄软。
5. 一定要将叉烧包口封严，不然会影响自然裂口。

地方特色小吃

休闲小吃

异国风味小吃

担担面

🍲 原料

主料：切面 200 克，猪肉馅 250 克，碎米芽菜 50 克，青菜 20 克

调料：豆豉 10 克，红油 20 克，花椒粉 15 克，酱油 5 克，生抽 5 克，料酒 5 克，醋 5 克，香油 2 克，香葱 20 克，姜 10 克，蒜 10 克，白糖 5 克，油 20 克，盐少许

🍲 做法

锅倒油烧热，放入猪肉馅煸炒。

炒至猪肉馅变色出油。

放入料酒和切好的葱花、姜末、蒜末炒匀。

放入剁碎的豆豉。

放入碎米芽菜。

放入酱油炒匀后关火盛出，芽菜臊子就做好了。

烧热水的同时将花椒粉放入碗中，红油烧热浇在花椒粉上，再放入生抽、醋、白糖、香油和盐。

倒入半勺开水搅匀。

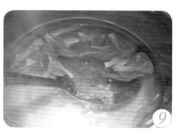

水烧开后放入青菜烫一下捞出。

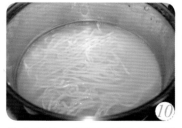

放入面条，煮熟后捞出放入调料碗中，放上芽菜臊子和青菜即可。

制作小贴士

1. 芽菜臊子可以多做一些，放入冰箱冷藏，随用随取。
2. 花椒粉可以自己制作：小火干炒花椒，然后用擀面杖擀碎。自制的花椒粉味道更好。
3. 如果没有红油，可以取15克辣椒粉、少许熟芝麻和花椒粉放入碗中，浇上烧热的油即可。
4. 喜欢芝麻酱味道的，可以用香油将芝麻酱化开倒入面中。
5. 传统的调味汁中会放猪油，这样吃起来更香。猪油的用量根据自己的喜好调整。

蛋煎锅烙

🍲 原料

饺子皮：面粉 200 克，温水 120 克，盐少许，花椒水 30 克，酱油 15 克
馅料及其他：猪肉馅 150 克、鲜香菇 5 个，葱花、盐适量，鸡蛋 1～2 个

做法

面粉放入盆中，加盐和温水搅成面絮，再加入花椒水和酱油搅匀。

用手揉成面团，静置发酵。

香菇去柄洗净切细末，香葱洗净切葱花。

碗中放入肉馅，倒油、加入葱花和香菇末搅匀，加盐调味。

醒好的面团搓成长条，然后切成小剂子，擀成饺子皮。

放入馅料，如图捏好饺子皮，两边露馅。

平底锅中倒少许油，摆入包好的锅烙。

中火将锅烙底部微微煎上色，倒入适量水薄薄地铺满锅底。

盖上锅盖，小火煎至水干，再加水并煎至水干。

鸡蛋打入碗中，加盐搅成蛋液。

锅底淋少许油，倒入鸡蛋液，中火煎至蛋液凝固。

出锅前撒少许葱花即可。

> ◤ 制作小贴士 ▶
>
> 1. 猪肉可以放入冰箱冷冻后取出，先切薄片再切细丝，然后切末，这样更简单省时。也可以直接用买来的肉馅。
> 2. 将花椒放入碗中，倒入开水浸泡至水凉即成花椒水。
> 3. 步骤7中锅烙放入锅中时，竖排锅烙之间要紧紧贴合，而横排之间要留有空隙。
> 4. 锅烙皮一定要擀得薄一些才好吃。

红烧大排面

🍲 原料

主料：猪大排 2 块，青菜 3～5 棵，面条适量

调料：香葱 5 根，蛋清 1 个，姜拇指大 1 块，白糖 15 克，老抽 20 克，生抽 30 克，干淀粉 30 克，面粉 25 克，白胡椒粉 2 克，盐适量

🍲 做法

① 肉排平铺到案板上，用肉锤反复捶打至两倍大。

② 放入大碗，加蛋清、1小勺盐和白胡椒粉抓匀，腌制10分钟。

③ 加5克干淀粉搅匀，腌制10分钟。

④ 面粉和剩余干淀粉混合，放入腌好的肉排，两面裹上面粉，用手按实。

⑤ 锅中倒油，烧至八成热，放入肉排和切好的葱段。

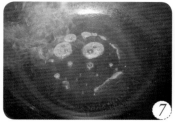

⑥ 肉排炸至表面金黄，和葱段一起捞出。

⑦ 锅中留少许油，小火将白糖炒变色。

⑧ 放入老抽、生抽和切好的姜片爆香。

⑨ 放入肉排，倒入开水没过食材，大火煮开后转小火炖约20分钟关火，其间撒盐调味。

⑩ 煮肉排的同时烧水煮面条，面条快熟时放入青菜烫一下。

⑪ 捞出面条和青菜，放上肉排和汤汁即可。

> **制作小贴士**
>
> 1. 如果没有猪大排，可以用梅花肉代替，口感更嫩。
> 2. 肉排放入油锅前，先拿起来轻轻抖一抖，去掉浮粉。炸肉排时可以多放一些葱段，葱味浓郁更好吃。

街头流行小吃

地方特色小吃

休闲小吃

异国风味小吃

红油抄手

🍲 原料

抄手：抄手皮 30 张，肉馅 100 克，胡萝卜末 25 克，葱花 25 克，姜末 5 克，油 20 克，花椒粉 2 克，料酒 10 克，香油 5 克，水 30 克，盐、生抽适量

红油及其他：辣椒粉 15 克，醋 15 克，生抽 10 克，蒜泥 15 克，葱花 15 克，白糖 5 克，熟芝麻 2 克，盐 2 克，花椒粉 2 克，香油 5 克，香菜末 2 克

🍲 做法

① 肉馅放入盆中加生抽、花椒粉、料酒和姜末搅匀，再分次放入水，顺着一个方向搅拌，放入胡萝卜末和葱花，加油和香油搅匀，再加盐调味。

② 制作红油：辣椒粉和葱花放入碗中，加盐、花椒粉和熟芝麻搅匀。

③ 1勺油烧热，倒入装有辣椒粉的碗中搅匀。

④ 醋放入铁勺中在火上烧开，倒入碗中。

⑤ 晾凉后，放入蒜泥、生抽、香油和白糖（起提鲜的作用，吃不出甜味）。

⑥ 加少许温水搅匀，红油就做好了。

⑦ 抄手皮摊放到手掌上，放入馅料。

⑧ 将抄手皮折好。

⑨ 如图所示，将两个角捏到一起。

⑩ 水开后放入抄手，煮至浮起后捞出，放入碗中，倒入适量的红油，撒上香菜末拌匀即可。

制作小贴士

1. 肉馅里可以只放葱花和姜末，也可以把肉馅换成蔬菜，这样吃起来更健康。
2. 辣椒粉的用量根据喜好决定。
3. 一次可以多包一些抄手放到冰箱冷冻保存，吃的时候调好红油调料就可以了，很方便。

街头流行小吃
地方特色小吃
休闲小吃
异国风味小吃

黄桥烧饼

🍲 原料

水油皮：面粉 300 克，猪油 30 克，酵母粉 3 克，泡打粉 3 克，温水 180 克

油酥皮：低筋面粉 120 克，猪油 60 克

馅料及其他：猪肥膘肉 80 克，肉松 40 克，香葱 2 根，盐 4 克，熟芝麻少许

🍲 做法

混合水油皮原料，揉成光滑的面团，放在温暖处醒 30 分钟。

混合油酥皮原料，揉成面团，包好放入冰箱冷藏 30 分钟。

猪肥膘肉剁成泥，香葱切末。

肉泥、香葱末、肉松和盐放入小碗中搅匀。

醒好的水油面团和油酥面团分成大小均等的小面团揉圆。

取一个水油面团放到手掌上压成圆饼，上面放一个油酥面团。

用虎口将面团包好后收口。

包好剩余面团。

取一个包好的面团擀成椭圆形。

如图将面皮叠起来。

卷成面卷。

全部卷好后取一个面卷用手掌压平，包上馅料。

像包包子那样收口。

全部包好后擀成椭圆形。

在案板上撒熟芝麻，将饼坯的一面刷上水，放到案板上沾满熟芝麻。

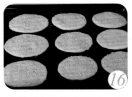

烤箱预热至 180℃，将饼坯放入中层烤 15 ～ 20 分钟，待饼全部鼓起上色后取出。

制作小贴士

1. 各种面粉的吸水性不同，水油面团和得软一些才好用。
2. 喜欢吃甜的可以用糖、花生碎或者芝麻碎做馅料。
3. 不同烤箱温度会有差异，要根据实际情况调节温度和时间。

街头流行小吃

地方特色小吃

休闲小吃

异国风味小吃

鸡丝凉面

🍲 原料

主料： 湿面条200克，鸡肉50克，黄瓜丝1小碗

调料： 芝麻酱30克，香油5克，蒜8瓣，酱油15克，醋30克，花椒5克，植物油50克，香菜末小半碗，白糖少许，盐、凉鸡汤适量

🍲 做法

鸡肉煮熟撕成细丝。

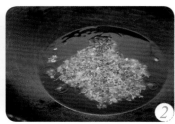

花椒用植物油炸成花椒油晾凉。

芝麻酱放入大碗，加香油、酱油、醋、白糖、盐和凉鸡汤搅匀。

蒜捣成泥拌入麻酱汁中。

锅中倒水烧开，放入面条煮熟捞出，放入凉开水中过一下。

面条捞出沥干，加入花椒油拌匀。

放入鸡丝、黄瓜丝和香菜末，浇上调好的麻酱汁拌匀即可。

制作小贴士

1. 鸡汤的用量根据麻酱汁的浓稠决定。
2. 麻酱汁调至可流动即可。
3. 一定用蒜泥而不是蒜末，大蒜只有做成蒜泥味道才够浓郁。
4. 天凉的时候面条用凉开水过一下即可；天热的时候可以用冰水浸泡一会儿。

凉粉

📋 原料

主料：豌豆淀粉 100 克，凉水 600 克

调料：辣椒油 10 克，酱油 20 克，醋 25 克，香菜 2 根，葱花 5 克，蒜末 15 克，油炸花生碎 20 克，香油、花椒粉少许，盐适量

📋 做法

① 豌豆淀粉放入盆中，倒入 100 克水搅成淀粉液。

② 剩余 500 克水倒入锅中煮沸，转小火。

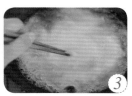

③ 倒入淀粉液，快速搅拌。

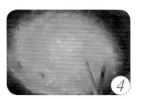

④ 加热期间不停搅拌使其受热均匀，以防糊底，搅至粉糊变得浓稠。

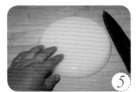

⑤ 关火后将粉糊倒入容器中晾凉，冷藏保存。

⑥ 食用前可切条、切块或用专用凉粉刮刀刮丝。

⑦ 葱花和蒜末放入小碗中。

⑧ 放入酱油、醋、辣椒油、花椒粉、香油和盐搅匀。

⑨ 调好的汁浇在凉粉上，再撒上花生碎和切好的香菜末即可。

制作小贴士

1. 豌豆淀粉可以用绿豆、红薯或者土豆淀粉代替。
2. 如果没有量具，可以用小碗代替，一般是 1 碗淀粉配 6 碗水——先用 1 碗水将 1 碗淀粉搅成淀粉糊，剩下的 5 碗水倒入锅中煮沸，其他操作同上。
3. 粉糊一定要凉透再放入冰箱冷藏，冰镇后口感更好。

卤肉饭

🍲 原料

主料：五花肉 500 克，干香菇 20 个，鸡蛋 4 个，米饭 1 碗

调料 A：洋葱 1 个，老抽 20 克，生抽 20 克，蚝油 10 克，姜 4 片，白胡椒粉、盐适量，香葱少许

调料 B：八角 2 个，香叶 2 片，桂皮段（5 厘米长），冰糖 15 克

🍲 做法

①

③

五花肉切大块放入汤锅中，加水没过肉块，大火烧开撇去浮沫，放入打结的香葱和姜，中小火煮 15 分钟关火。

晾凉后将肉捞到案板上，切成细条。

洋葱切末。

发好的干香菇洗净切末。

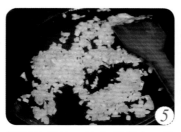

锅烧热倒油，放入洋葱末，煸炒至金黄色。

洋葱末拨到一侧，倒入五花肉，炒至出油上色。

放入香菇末炒均。

放入老抽、生抽和蚝油炒匀。

炒好的原料放入炖锅中，放入调料B，倒水没过食材5厘米左右，大火烧开后转小火炖2小时。

炖肉的同时，将鸡蛋煮熟过凉水后剥皮。肉炖至1个小时后放入去皮鸡蛋再炖1小时。

出锅前20分钟撒盐和白胡椒粉调味。

碗中盛入米饭，浇上香菇卤肉汁，再放上切开的卤蛋即可。

制作小贴士

1. 提前将干香菇放入保鲜盒中，加入大半盒温水、1小勺白糖和1小勺淀粉后盖上盖使劲儿摇5分钟，干香菇就发好了。
2. 用红洋葱制作卤肉饭味道更好。
3. 香菇卤肉汁多一些拌饭吃更香。香菇卤肉饭可搭配黄瓜食用，既爽口又解腻。

街头流行小吃

地方特色小吃

休闲小吃

异国风味小吃

萝卜丝饼

🍲 原料

主料：白萝卜 600 克，面粉 150 克，凉水 250 克，鸡蛋 1 个

调料：香油 5 克，香葱、盐适量，五香粉少许

🍲 做法

 ①

 ②

白萝卜用水洗净，刮掉萝卜皮，先切薄片再切细丝。

切好的萝卜丝放入碗中，加入1/4小勺盐搅匀，腌制10分钟至萝卜丝出水。

用手挤干萝卜丝中的水分。

 ④

 ⑤

 ⑥

萝卜丝放入碗中，加切好的葱花、五香粉、盐和香油拌匀备用。

面粉放入盆中，加凉水拌成面糊后打入鸡蛋。

搅成流动性很好的面糊。

 ⑦

 ⑧

 ⑨

锅中倒油，如图油能没过大勺为宜，将大勺放在油里过一下。

用小勺舀适量面糊放到大勺里，面糊的量为大勺容量的1/3。

用筷子夹适量拌好的萝卜丝放在大勺里的面糊上，萝卜丝的量为大勺容量的1/3。

 ⑩

 ⑪

 ⑫

再舀一些面糊将萝卜丝盖上。

放入油中炸至定形后用小勺贴着大勺四周取下面饼。

放入油中炸制两面呈金黄色时捞出。

 制作小贴士

萝卜丝加盐后一定要挤干水分，拌好的萝卜丝如果水分太多，会失去爽脆的口感。

街头流行小吃
地方特色小吃
休闲小吃
异国风味小吃

081

玫瑰糯米糍

🍲 原料

面皮：糯米粉 100 克，玉米淀粉 25 克，白糖 30 克，色拉油 5 克，凉水 120～150 克，炒熟的糯米粉 30 克

馅料：玫瑰酱 30 克，花生 30 克，芝麻 15 克，白糖 15 克，色拉油 5 克

🍲 做法

花生炒熟去皮、芝麻炒熟后倒在案板上，用擀面杖擀成粉。

玫瑰酱、花生芝麻粉、白糖和色拉油放入碗中，搅匀。

搅好的馅料分成均等的10份，用手指捏成球备用。

糯米粉、白糖和玉米淀粉放入碗中搅匀，加水搅成糯米糊，放入色拉油搅匀。

糯米糊倒入大盘中，放入蒸锅大火蒸15分钟，将糯米糊蒸至凝固、透明后关火。

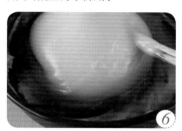
用筷子搅成团。

面团放到撒有熟糯米粉的案板上，使其沾满糯米粉，这样就不粘手了。

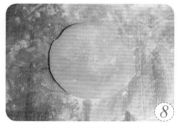
糯米团放凉后分成均等的10份，取其中一份捏成圆面片。

取一个玫瑰馅球放到上面。

包好后用手掌揉圆即可，按同样方法制作其他几份。

制作小贴士

1. 步骤1中，擀好的花生粉和芝麻粉中有点儿小颗粒也没关系。
2. 蒸糯米糊时要根据用量调整时间。另外，用敞口的大盘子蒸，熟得快。
3. 花生和芝麻直接买熟的制作起来更方便。
4. 玫瑰酱里的花瓣如果是整个的最好先切碎一些再做馅。
5. 做好的糯米糍要尽快吃完，不宜久存；如果想保存2~3天，和糯米糊时，水不要少于150克，这样就不会因为水分流失而变得干硬，如果变硬了，可以放入盘中用蒸锅蒸一下。

街头流行小吃
地方特色小吃
休闲小吃
异国风味小吃

面皮

🍴 原料

主料：面粉 500 克，黄瓜 1 根

调料：香菜 3 根，八角 3 个，大蒜半头，辣椒油 20 克，芝麻酱 20 克，醋 15 克，香油 5 克，白糖少许，盐、熟芝麻适量

🍴 做法

① 面粉加盐和成面团。

② 盆中倒入一碗水（没过面团），像洗衣服一样在水中揉搓面团。

③ 揉搓至水变得非常浑浊，洗出的淀粉水倒入空盆中。

④ 面团中再倒入一碗水，继续揉搓。

⑤ 洗出的淀粉水再次倒入之前的盆中，如此反复直到洗面团的水变清，面团中不能再洗出淀粉（大约需要洗3～4次）。

⑥ 洗好的带蜂窝眼的小面团用水泡1～2小时，捞出放入蒸锅中，大火蒸10分钟，制成面筋。

⑦ 淀粉水用网筛过滤，静置2～3小时，直至盆中的淀粉全部沉底，上层是清水。

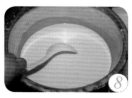

⑧ 蒸面皮前慢慢倒掉淀粉水中的清水，将留下的淀粉用勺子搅匀。

⑨ 锅中倒入半锅水烧开，取两个不锈钢盘，抹上油，舀入淀粉浆。

⑩ 让淀粉浆均匀地铺满盘底，盘子放入开水锅中。

⑪ 盖上锅盖蒸2分钟，面皮起泡就说明蒸好了。

⑫ 用盘夹夹出面皮盘，放入凉水中冷却。

⑬ 用手揭下面皮。

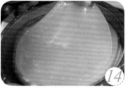

⑭ 放入抹了油的盘中，每张面皮间刷油摞上即可。

⑮ 八角加2碗水煮开晾凉，制成八角水。

⑯ 蒸好的面皮切条。

⑰ 蒸好的面筋切块。

⑱ 蒜捣成泥，加水搅匀。芝麻酱加香油和水搅匀。黄瓜切细丝。

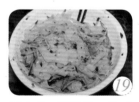

⑲ 面皮条、面筋块、黄瓜丝、八角水、蒜泥汁、芝麻酱和其他调料放入盆中搅匀。

制作小贴士

1. 淀粉浆一定要过滤，这样蒸出来的面皮才平整光滑。
2. 用两个盘子轮换着蒸面皮。蒸制的空隙可以揭下冷却的面皮，这样做不浪费时间。
3. 拌面皮时一定要放八角水——使用前最好多泡一会儿并滤去料渣。可以一次多做一些八角水，用冰块盒冻成小块，装入保鲜袋中冷冻保存，随用随取。
4. 蒸面皮的盘子第一次使用时抹油，以后只要盘里没沾上水，就不用抹油了。
5. 盘子放入水中时，盘底直接和水接触，不要让水进入盘中。

蜜汁
糯米藕

原料

主料：藕 2 节，糯米 1 小碗
调料：红糖 100 克，冰糖 100 克，大枣 2 颗，桂花酱适量（可选）

做法

① 糯米加水（没过米）浸泡 2 小时以上，用手指能轻松碾碎即可。

② 藕洗净刮皮，用刀在藕蒂一侧切掉 3 厘米长的段，留作盖子用。

③ 用筷子将泡好的糯米填入藕孔并捅实。

④ 所有藕孔都填满糯米，盖子不要填糯米。

⑤ 盖好盖子，用牙签固定，防止糯米掉出来。

⑥ 糯米藕放入高压锅中，放入冰糖、红糖和大枣。

⑦ 加水没过藕。

⑧ 全自动电压力锅选择蹄筋功能；普通高压锅大火煮上汽后，转中小火煮 20 分钟。

⑨ 取出做好的糯米藕切片，浇上锅里的汤汁或者桂花酱。

制作小贴士

剩余的汤汁直接喝也非常可口，还可以用来煮粥，很有营养。

热干面

🍲 原料

主料：碱面面条 150 克，萝卜干 20 克，油炸花生 10 克

调料：香葱 2 根，芝麻酱 25 克，香油 25 克，酱油 20 克，花椒粉、辣椒油、盐适量，白糖少许

🍲 做法

①
萝卜干用温水浸泡约 30 分钟。

②
锅中加水烧开，放入面条煮至七分熟后捞出。

③
面条过凉水，捞出控干，倒入 20 克香油拌匀。

④
摊开抖散，装入保鲜袋，放入冰箱冷藏至完全凉透。

⑤
芝麻酱放入小碗中，分次倒入凉开水搅匀。

⑥
搅成能够流动的稀糊状，再放入 5 克香油搅匀。

⑦
萝卜干切丁，葱切细葱花，花生用刀面压成花生碎。

⑧
萝卜丁放入碗中，加少许酱油、辣椒油和花椒粉拌成辣萝卜丁。

⑨
锅中倒水烧至沸腾，放入拌过油的面条大火煮 20 秒，捞出放入大碗中。

⑩
趁热放入芝麻酱、酱油、白糖和盐，再撒上葱花、辣萝卜丁、花生碎和辣椒油拌匀即可。

▶ 制作小贴士

1. 面条第一次不要煮熟，不然第二次煮过后会失去弹性。
2. 煮面条的水一定要多一些，煮好的面条最好用凉水过一下再拌油，这样面条不粘连。
3. 用黑、白芝麻酱都可以，白芝麻酱颜色会好看一些，我用的是黑芝麻酱，味道很好。
4. 如果喜欢吃酸的，拌面条的时候可以放一些醋。

街头流行小吃

地方特色小吃

休闲小吃

异国风味小吃

糯米烧卖

🍲 原料

主料：面粉 150 克，干淀粉 30 克，温水 100 克，糯米 200 克，五花肉馅 200 克，干香菇 5～8 个

调料：姜拇指大 1 块，生抽 25 克，老抽 10 克，白糖 10 克，油 20 克，料酒 5 克，白胡椒粉少许，香葱、盐适量

🍲 做法

糯米放入水中浸泡约 1 小时，能用手指碾碎即可。

蒸锅的箅子上放一块湿纱布，放上糯米摊开，上汽后转中大火蒸 20 分钟，取出拨散。

香菇提前用凉水泡发，切丁，香菇水留用，葱切葱花、姜切末。

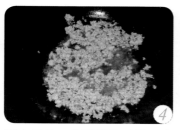

锅中倒油，烧至微热后放入肉馅炒变色，倒入料酒去腥。

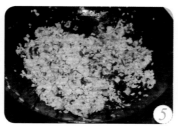

放入葱花、姜末、香菇丁和糯米翻炒。

放入老抽、生抽、白糖、白胡椒粉和盐炒匀，分次加入香菇水，糯米馅炒散不结团后关火，盛出晾凉。

面粉和干淀粉混合，加100克温水和成柔软的面团，醒10分钟。

面团搓成长条，分成小剂子。

小剂子擀成四周略薄的圆面皮。

面皮上放一勺糯米馅。

用虎口将面皮四周收紧，露出馅料。

放在案板上，用双手食指和拇指将收口处再捏一下。

放在抹过油的箅子上，大火蒸上汽后，转中火蒸8分钟后关火。

制作小贴士

1. 面团最好和得软一些。
2. 步骤12非常重要，只有将口捏紧后，蒸出的烧卖才不会散开。
3. 泡发香菇时在水中放一点儿糖，香菇会更鲜美。可以将水和香菇放入保鲜盒中，盖上盖子使劲儿晃一会儿，香菇就会泡发，如果没时间可以用这个快速泡发香菇的方法。
4. 糯米馅可以提前做好放入冰箱冷藏保存。
5. 炒馅时糯米如果结团可以加一些泡香菇的水搅散。
6. 如果嫌做面皮麻烦，可以买饺子皮，用之前擀薄一些即可。

街头流行小吃

地方特色小吃

休闲小吃

异国风味小吃

肉丸胡辣汤

原料

肉丸：牛里脊 100 克，葱、姜各 20 克，料酒 15 克，酱油 20 克，干淀粉 20 克，十三香、盐少许

汤料：胡萝卜 1 段，土豆 1 个，豆角 5 根，圆白菜 2 大片，牛骨头汤 2 大碗，花椒粉 10 克，白胡椒粉、盐少许，水淀粉适量

做法

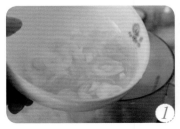

① 葱、姜切碎放入碗中，加 2 大勺温水泡一会儿，葱姜水过滤后倒入搅拌机。

② 牛里脊切小块，放入搅拌机中，再放入十三香、料酒、酱油和盐。

③ 肉块搅成肉泥，放入盆中。

肉泥中加干淀粉，搅匀。

肉泥全部做成和花生一样大的小丸子。

土豆、胡萝卜和豆角分别切丁，圆白菜撕小片。

牛骨头汤倒入锅中，加盐，放入小丸子煮熟捞出。

在煮丸子的汤中放入花椒粉、白胡椒粉和少许熟油。

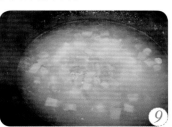

先放入切好的豆角丁和土豆丁，快煮熟时再放入胡萝卜丁。

放入撕成小片的圆白菜煮半分钟。

放入煮好的丸子，加水淀粉勾芡，使汤汁变浓稠。

制作小贴士

1. 可以用猪里脊制作肉丸。
2. 可以在肉丸胡辣汤中加入其他时令蔬菜，但是不要放一煮就烂的蔬菜。
3. 没有牛骨头汤可以用其他高汤或者浓汤宝代替。
4. 喝汤时可以加点儿辣椒油。

水煎包

原料

面团：面粉 250 克，温水 130 克，泡打粉 2 克，酵母粉 2 克

馅料：猪肉馅 250 克，韭菜 100 克，甜面酱 25 克，酱油 30 克，花椒粉 2 克，姜末 10 克，香油 15 克，盐适量

面粉水：凉水 300 克，面粉 20 克

做法

酵母粉放入温水中搅匀，酵母水倒入面粉中，加入泡打粉搅成面絮。

揉成光滑的面团，盖好醒 30 分钟，面团膨胀一些即可。

醒面时制作馅料。肉馅放入盆中，放入甜面酱和酱油搅匀。

放入姜末、香油和花椒粉搅匀。

根据口味加盐调味。

韭菜洗净切末。

面粉加水搅成面粉水。

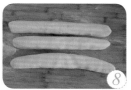
醒好的面团分成几份搓成长条。

分成 16 个小剂子，擀成中间厚四周薄的圆面皮。

取一个面皮先放一勺韭菜末。

再放一勺肉馅。

如图将面皮捏好。

褶皱朝下放在案板上，用双手拢高。

锅烧热转小火，倒少许油，转动锅柄将油摊开，口朝下将包子生坯摆放到锅中，包子之间留少许空隙。

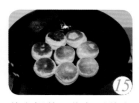
盖上锅盖，将包子煎上色后逐个翻面。

倒入面粉水至包子的3/4 处，开大火将面粉水煮开。

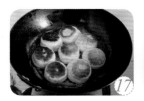
盖上锅盖，转小火，直到面粉水快烧干。

打开锅盖，淋少许大豆油或其他食用油。

待面粉水全部收干，煎包变黄后在包子上扣一个大盘子。

锅倒扣，将包子全部倒入盘中。

制作小贴士

1. 因为有泡打粉，所以面团不用完全发酵。
2. 包子的收口一定要捏紧，不然煎的时候会露出汤汁。
3. 大豆油会使煎包底部呈漂亮的金黄色，如果没有可以用其他植物油代替。
4. 煎包子的时候最好选择深一点儿的锅，高沿的平底不粘锅最好，平时保养好的铁锅也不错。
5. 如果倒扣锅的技巧不熟练，可以直接用铲子将水煎包逐个铲出来。

街头流行小吃

地方特色小吃

休闲小吃

异国风味小吃

台湾红烧牛肉面

原料

主料：面条 100 克，牛肉 1000 克

调料：香葱 2 根，姜 3～5 片，洋葱 1/2 个，蒜 4 瓣，番茄酱 16 克，郫县豆瓣酱 30 克，酱油 30 克，冰糖 15 克，料酒 15 克，市售红烧牛肉面调料包 1 个，干辣椒少许（可选），香菜末、盐适量

做法

① 牛肉放入凉水中浸泡 2 小时以上，将泡好的牛肉切成 3 厘米见方的小块。

② 高压锅中放入大半锅凉水，放入牛肉块和料酒，中大火烧开，撇去浮沫。

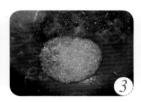

③ 炒锅中倒少许油，再放入冰糖，小火将冰糖熬化变色。

④ 放入番茄酱和郫县豆瓣酱，小火将酱料炒出红油。

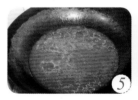

⑤ 从牛肉锅中舀一大碗汤倒入炒锅中，烧开后转小火煮 5 分钟，然后将煮好的汤料过滤到牛肉锅中。

⑥ 切好的葱、姜、蒜和洋葱放入牛肉锅中，然后放入调料包，再放入适量盐和酱油调味。

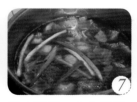

⑦ 盖上锅盖，大火烧开，转小火炖 2 小时。

⑧ 面条煮熟后放入空碗中，放入煮好的牛肉汤和牛肉，撒上香菜末即可。

制作小贴士

1. 最好选用有肥肉和筋的牛肋条肉或者牛腩肉，这样不仅肉有嚼头，汤也更香浓。
2. 可将煮好的牛肉汤和牛肉晾凉，分成小份装入保鲜袋中冷冻保存，吃的时候倒入锅里加热即可，很方便。
3. 炖肉时用高压锅更省时，普通高压锅上汽后小火炖20分钟即可。

钟水饺

原料

面皮：面粉 250 克，凉水 125 克，盐少许
馅料：猪肉馅 300 克，大葱 30 克，姜 10 克，
花椒 5 克，复制酱油 40 克，红油 20 克，蒜
半头，香油 10 克，开水 100 克，盐适量

做法

花椒放入碗中加 100 克开水搅匀，葱、姜加少许水放入搅拌机中打成汁，也可以剁成细末。

肉馅在案板上剁一剁再放入大碗中，放入葱姜汁搅匀。

放入 30 克复制酱油拌匀。

分次倒入花椒水（花椒过滤掉），顺着一个方向将肉馅搅打上劲，直到肉馅变稀并发黏，加盐和香油调味，放入冰箱冷藏 30 分钟左右。

面粉放少许盐用凉水和成稍微硬一点儿的面团，醒 20 分钟。

醒好的面团搓成长条，分成数个小剂子。

擀成圆面皮放上肉馅。

捏成月牙状。

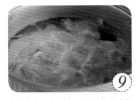

锅中加水烧开，放入饺子煮开锅后加 2～3 次凉水至饺子浮上来，饺子皮透明后捞出。

蒜加少许盐捣成蒜泥，加少许温水调成蒜汁，再放入剩余复制酱油和红油拌匀。

调味汁淋到用小碗盛着的饺子上。

制作小贴士

钟水饺最主要的特点就是使用了复制酱油，这种酱油可以在家里自制。

水晶虾饺

🍲 原料

面皮：澄粉 100 克，玉米淀粉 50 克，开水 150 克，猪油 10 克，盐少许
馅料及其他：虾仁 120 克，猪肥膘肉 30 克（或者五花肉 50 克），料酒 5 克，盐 2 克，香油 5 克，白胡椒粉、白糖少许，胡萝卜 1 根

🍲 做法

① 将澄粉、玉米淀粉和盐放入盆中，慢慢倒入开水，边倒边用筷子搅成面絮。

② 趁热放入猪油揉成团，包上保鲜膜醒 20 分钟。

③ 虾仁一半剁成泥，一半切成丁，猪肥膘肉剁成肉泥。

放入大碗中，加入料酒、盐、白胡椒粉、香油和白糖搅匀。

用手拿起馅料往碗中摔打50次左右，这样馅料黏性十足，蒸好后更有嚼劲。

醒好的面团搓成长条，切成每个20克左右的面剂子，盖好。

案板和刀面分别抹薄薄一层油，取一个面剂子放在案板上用刀面压成圆面皮。

圆面皮中放入馅料。

像包包子一样顺着边捏褶，捏大约2/3边的长度。

将没捏褶的边和捏褶的边捏合到一起，虾饺就包好了。

胡萝卜切薄片，放入笼屉。每包完一个虾饺就用保鲜膜盖好，全部包好后放入笼屉中的胡萝卜片上。

蒸锅烧开后，放入装虾饺的笼屉大火蒸5分钟即可。

制作小贴士

1. 馅料一定要摔打上劲，这样蒸好后才有嚼劲。
2. 馅料中也可以放荸荠增加口感。
3. 面皮不能用擀面杖擀，否则很容易碎，要用刀面压。
4. 做好的面皮要一直用保鲜膜盖着，用一个拿出来一个；虾饺包好后也要立即盖上保鲜膜，否则饺子皮容易干。

小笼灌汤包

🍲 原料

皮冻：肉皮 100 克，水 1000 克，葱花 5 克，姜末 5 克，料酒 5 克，盐适量
面皮：面粉 250 克，温水 125 克，盐 1 克
内馅：猪肉馅 200 克，鲜香菇丁 30 克，葱花 20 克，姜末 10 克，花椒粉 2 克，料酒 15 克，酱油 15 克，油 30 克，盐适量

🍲 做法

面粉加水和盐搅成面絮，然后揉成光滑的面团，盖好醒 20 分钟。

肉皮清洗干净。

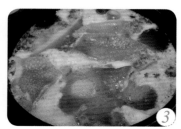

放入锅中加水煮开后再煮 3 分钟。

捞出肉皮，用刀片去上面残余的肥膘肉。

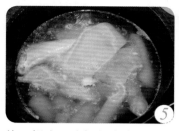
换一锅水，片好的肉皮放入锅中，加料酒煮开后关火。

煮好的肉皮趁热切成细细的小短条。

肉皮细条放入搅拌机中，放少许葱花、姜末和盐，搅打成皮冻浆。

打好的白色皮冻浆倒入容器，晾凉后放入冰箱冷藏至完全凝固。

倒出肉皮冻。

肉皮冻切成丁。

肉馅放入小盆中，放入葱花、姜末、酱油、花椒粉和料酒搅匀。

再放入皮冻碎、香菇丁、油和盐搅匀。

醒好的面团分成每个35克的面剂子，擀成中间厚四周薄的圆面皮。

肉馅放到面皮中，包成有细褶的小包子，放入笼屉中。

笼屉放入锅中，盖上盖子蒸10分钟即可。

制作小贴士

1. 肉皮要片完一块后再从锅里捞出一块，因为肉皮全部捞出来晾凉后会变硬不好片。
2. 搅拌机一次可以多处理一些肉皮。肉皮全部切成小细条，分成若干份，每份100克，放入保鲜袋冷冻保存，用之前取出解冻就可以放入搅拌机制作肉皮冻了，非常方便。
3. 肉皮冻最好前一天晚上做，冷藏一夜会完全凝固，非常有弹性。
4. 如果天气热，可以将和好的肉馅放入冰箱冷藏，取出后再包包子会容易一些。

街头流行小吃

地方特色小吃

休闲小吃

异国风味小吃

羊肉泡馍

原料

羊汤主料：羊肉 500 克，羊腿骨 500 克，木耳 2 朵

羊汤调料 A：小茴香 15 克，花椒 15 粒，八角 2 个，草果 2 个，桂皮 2 ~ 3 厘米长 1 段，白芷 10 克，砂仁 5 克，良姜 2 片，大葱 3 ~ 4 段，姜拇指大 1 块，陈皮 1 片

羊汤调料 B：香菜 2 ~ 3 根，白胡椒粉、盐适量，粉丝、葱、蒜末少许

馍：面粉 300 克，温水 25 克，凉水 125 克，酵母粉 1 克，食用碱 2 克

做法

羊肉和羊腿骨放入水中浸泡 2 小时，其间换几次水。

羊肉切成 2 ~ 3 大块，羊腿骨从中间剁开，露出里面的骨髓。

锅中放水，水开后放入羊肉和羊腿骨焯一下捞出。将羊腿骨放入汤锅，加水煮开后撇去浮沫，放入羊汤调料 A。

大火烧开，转中大火使汤沸腾 30 分钟。

⑤ 放入羊肉烧开后转小火煮2.5小时，煮至2小时后加盐调味。

⑥ 煮好的羊肉和羊腿骨捞出，羊汤滤掉料渣，留汤备用。

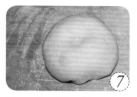

⑦ 取50克面粉，放入酵母粉和温水揉成稍硬的面团，放在温暖处发酵。

⑧ 剩余面粉放入盆中，加食用碱和凉水揉成稍硬的面团。

⑨ 死面面团擀开，放上发好的发面面团包起来，揉成一个完整的面团，静置10分钟。

⑩ 面团分成若干个小剂子。

⑪ 擀成半厘米厚、碗口大的圆饼，放入干净无油的平底锅，用叉子在表面扎眼。

⑫ 中火将面饼两面都烙上色。

⑬ 晾凉的饼用手掰成指甲盖大小的丁。

⑭ 粉丝用凉水泡软，木耳泡好撕小朵，香菜切小段，葱切葱花，熟羊肉切片。

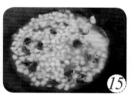

⑮ 锅中倒入半碗羊肉，再倒入半碗水，放入木耳和馍丁煮开后转小火煮2～3分钟。

⑯ 放入粉丝和羊肉，加盐和白胡椒粉调味，倒入大碗中，撒上香菜、葱花和蒜末即可。

◤ 制作小贴士 ▶

1. 在饼坯表面扎眼烙出来的饼不会鼓起。
2. 羊肉要逆着纹理切。
3. 可以将糖蒜、辣椒酱和辣椒油装入小碟中，搭配着羊肉泡馍吃。
4. 可以利用空闲时间煮羊汤和羊肉，然后将其分成若干份放入保鲜袋冷冻保存，馍也可以提前烙好分成若干份冷冻保存。吃的时候提前拿出一份汤肉和馍解冻，煮几分钟即可食用，非常方便。如果嫌掰馍费时间，可以直接用刀将馍切成小丁。

街头流行小吃　地方特色小吃　休闲小吃　异国风味小吃

云吞面

🍴 原料

主料：面粉 500 克，鸭蛋 2 个，鸡蛋黄 2 个，食用碱 3 克，肥瘦相间的猪肉馅 250 克，鲜虾 10 只

调料：鸡蛋清 2 个，料酒 5 克，生抽 15 克，白糖 5 克，香油 10 克，韭黄、盐适量，白胡椒粉少许

汤料：猪骨汤 2 大碗，木鱼花 20 克，盐适量

🍲 做法

面粉放入盆中，打入鸭蛋和鸡蛋黄，放入食用碱。

用筷子将面粉搅成面絮。

根据实际情况加水，将面絮揉成面团，和好的面团要硬一些，盖好醒 15 分钟，再揉光滑。

鲜虾用牙签挑去虾肠，然后将虾头取下，虾身去壳，分开放置。

虾仁切成小丁，不要剁成泥。

肉馅和虾仁丁放入干净的碗中，放入除韭黄外的调料制成馅料。

102

顺着一个方向搅拌，多搅一会儿直到馅料上劲发黏。

取一半面团用压面机压成薄面皮，表面撒上面粉以防粘手。

切成正方形的云吞皮。用另一半面团制作面条。

云吞皮上放入馅料。

如图将对角捏在一起。

用虎口处将面皮收拢捏紧。

制好的馄饨生坯。

提前将猪骨汤放入汤锅，倒入虾头和木鱼花小火煮20分钟，加盐调味。过滤后就是云吞汤。

锅里多放一些水，水开后放入5个云吞煮开锅，再放入面条搅散，再煮开锅，点一次凉水，云吞面就做好了。

云吞和面都捞到汤碗中，倒入半碗云吞汤，撒上切好的韭黄即可。

制作小贴士

1. 面和好后，先揉成面团，醒一会儿再揉会更光滑。
2. 馅料刚开始搅拌时感觉很稀，搅一会儿就会发现越来越稠，如果太干可以分次加入高汤或者水，不过搅拌时一定要顺着一个方向才会上劲。
3. 压面机压面皮和面条很省事，如果压出来的面皮不够薄，就在面片表面撒一些干淀粉用手抹匀，然后叠在一起放入压面机再压一次，揭开后面皮就会非常薄，放在手上几乎透明；也可以用擀面杖擀面皮。实在嫌麻烦，可以买现成的面皮和面条。
4. 500克面粉可以做很多云吞和面条，做好后分开冷冻，随用随取。如果嫌多，可以将原料减半。

街头流行小吃

地方特色小吃

休闲小吃

异国风味小吃

奶黄包

🍲 原料

面皮：面粉 250 克，牛奶 150 ～ 160 克，酵母粉 3 克，白糖 10 克

馅料：鸡蛋 3 个，黄油 30 克，面粉 30 克，白糖 50 克，奶粉 15 克，牛奶 70 克

🍲 做法

1

鸡蛋煮熟，取出蛋黄放入碗中用勺子碾成泥。

2

锅烧热后关火，放入黄油，利用余温使其熔化。

3

放入过筛的面粉，小火将面粉炒匀炒香后关火。

4

放入蛋黄泥和奶粉，再倒入牛奶搅匀。

5

放入白糖，小火将白糖和蛋黄糊搅匀，炒干后关火，奶黄馅就做好了。

6

做好的奶黄馅放凉后搓成一个个小球。

面粉、牛奶、酵母粉和白糖放入盆中，用筷子搅成面絮。

用手揉成光滑的面团，盖好静置发酵。

发酵至原来的 2～3 倍大。

发好后再次揉成光滑的面团，然后搓成长条，分成和奶黄馅一样的份数。

小面团揉光滑盖好备用。

小面团压扁擀成中间厚四周薄的圆面片，包入奶黄馅。

将奶黄包收口。

收口朝下放到案板上整成圆柱形，这样蒸出来不会扁塌塌的。

包好的奶黄包生坯放入垫了油纸或抹了油的箅子中，盖上锅盖醒发 20 分钟，中火上汽后蒸10 分钟即可。

制作小贴士

1. 奶黄馅一次可以多做一些放入冰箱冷冻保存，随用随取。
2. 面皮不要擀得像饺子皮那么薄，否则蒸出来后皮不够膨松暄软。
3. 放在锅里进行二次发酵时，如果天气凉，可以盖上锅盖开火蒸一分钟后关火，合适的温度才有利于醒发。
4. 如果一次做的奶黄包比较多，可以使用2个蒸屉，蒸15分钟即可。

煎焖子

原料

主料: 红薯粉 100 克, 凉水 450 克
调料: 蒜 4 瓣, 芝麻酱 20 克, 虾油 2 克, 蚝油 5 克, 盐适量

做法

红薯粉中加水搅成粉浆。

粉浆倒入锅中, 开中火, 粉浆会慢慢出现凝结的小块。

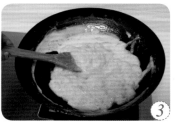

用铲子不停快速搅拌, 当粉浆变得黏稠透明、呈灰白色、有大泡鼓起时关火。

煮好的粉浆倒入抹了油的容器中, 晾凉后盖好放入冰箱冷藏至完全凝固成焖子。

芝麻酱用凉开水调成稀糊状, 放入捣好的蒜泥、虾油和蚝油搅匀, 加适量盐调味。

取出冷藏的焖子, 切成 2 厘米见方的块。

平底锅烧热倒油, 放入焖子块, 中火煎至表面上色。

煎好的焖子盛入盘中。

制作小贴士

1. 一定要将粉浆搅至变色、透明、鼓大泡再关火盛出, 这样更易成形。
2. 如果没有虾油可以用鱼露代替, 但是加了虾油的酱汁味道更好。

街头流行小吃 · 地方特色小吃 · 休闲小吃 · 异国风味小吃

粢饭团

🍲 原料

大米 100 克，糯米 50 克，
油条 1 根，肉松 20 克，
榨菜丝 20 克

🍲 做法

① 糯米和大米放入水中泡 2 小时。

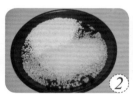

② 放入电饭锅中，加水蒸熟（水量比平时蒸米饭的少一点儿）。

③ 在寿司帘上铺一张保鲜膜，放上 1 勺米饭，稍微摊开。

④ 放上榨菜丝和肉松。

⑤ 放上油条。

⑥ 再放上 1 勺米饭。

⑦ 用寿司帘卷好，保鲜膜两边拧紧，饭团就做好了。

制作小贴士

1. 用饭勺舀米饭前先在凉开水中蘸一下，这样舀米饭时就不会粘勺了。
2. 卷饭团时稍微用点力，否则吃的时候容易散开。
3. 糯米比较难消化，一次不要吃太多。
4. 喜欢甜口的可以用白糖和熟芝麻代替榨菜丝。

Part 3
休闲小吃

凤梨酥

📦 原料

面皮：菠萝果肉 450 克，面皮、去籽的冬瓜 900 克，黄砂糖 60 克，麦芽糖 60 克
馅料：黄油 100 克，低筋面粉 140 克，糖粉 40 克，鸡蛋 1 个，盐 1 克，奶粉 50 克

📦 做法

冬瓜切成小块放入沸水中煮 10 分钟，直到冬瓜变透明。

捞出晾凉，放入凉水中过一下。

冬瓜用纱布包起来，挤去水分。

菠萝果肉切小块，和冬瓜一起放入搅拌机中搅打成泥。混合果泥倒入锅中，大火烧开。

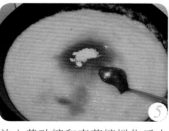

放入黄砂糖和麦芽糖搅化后小火熬煮。

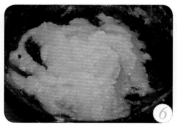

不时地搅拌直到果泥变浓稠（大约 30 分钟），容易成形后关火，盛出晾凉，放入冰箱冷藏。

软化黄油，加糖粉和盐，用电动打蛋器搅打至黄油颜色变浅。

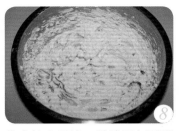

分次放入蛋液，继续用打蛋器搅打至黄油和鸡蛋完全融合。

筛入低筋面粉和奶粉搅拌均匀，直至没有生粉。

捏成面团，不要揉搓，否则会起筋导致皮不酥。

酥皮和凤梨馅按照模具的大小分成同样的份数，取其中一份酥皮搓成小球，压成圆面皮。

放入一份凤梨馅。

用虎口处将酥皮慢慢往上收，直到凤梨馅完全被面皮包上。

包好后放入面粉中滚上面粉，然后放入模具中按平后扣出来。

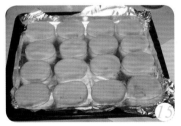

将生坯摆在烤盘中，放入预热至180℃的烤箱的中层烤15分钟，如果表面没上色，可以再放到上层用200℃烤5分钟，直至表面呈金黄色。

制作小贴士

1. 不同的烤箱温度会有差异，所以一定要根据自家烤箱的温度调节温度和时间。
2. 加热果泥时，最好用平底不粘锅，不要用铁锅，否则果泥会变黑。
3. 最后做好的凤梨酥生坯最好与模具一起放入烤箱中烤制，这样就不用裹面粉了，而且烤出来的凤梨酥形状好看。图中没有带着模具烤，所以烤出来的凤梨酥有点儿变形。

怪味花生

原料

主料：花生 300 克

调料：白糖 150 克，水 120 克，花椒粉 10 克，辣椒粉 10 克，孜然粉 5 克，盐 3 克，干淀粉 20 克

做法

花生放入预热至 180℃的烤箱的中上层烤约 15 分钟。

用手指捻掉花生皮。

花椒粉、辣椒粉、孜然粉和盐放入盘中，搅匀。

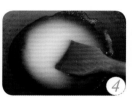

白糖和水放入锅中，中小火熬制，边加热边不停地搅拌。

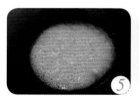

熬成浓稠的糖浆，起泡并变成微黄色时转小火。

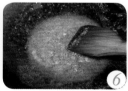

倒入混合好的调料，用铲子搅匀。

倒入花生和干淀粉快速翻炒，让花生都裹上糖浆，关火。

静置半分钟，糖浆开始变硬后用铲子将花生轻轻地拍一拍，粘在一起的花生就散开了。

制作小贴士

1. 烤花生的时间根据花生的大小而定，烤15分钟后看一下，如果没熟，可以再烤5分钟。如果花生颜色微黄，皮一捏就掉，花生就烤熟了。
2. 做好的怪味花生倒入大盘中晾凉后吃更酥脆。
3. 如果做多了可以放入密封的容器中保存，以免受潮影响口感和味道。

琥珀桃仁

原料

主料：核桃仁 200 克

调料：冰糖（或者白糖）150 克，熟芝麻 20 克

做法

核桃仁放在烤盘上，放入预热至170℃的烤箱的上层烤8分钟，晾凉去皮。

锅中倒少许油，再放入冰糖，用铲子轻轻地敲冰糖，冰糖受热很容易碎成小块。

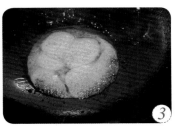

熬至糖浆变成琥珀色，并且起一层小泡沫。

泡沫快散开时马上倒入核桃仁和熟芝麻，快速翻炒均匀，关火。

倒入抹了油或者水的大盘中，用铲子将核桃仁分开——不分开也没关系，凉了以后轻轻一掰就开了。

制作小贴士

1. 核桃仁也可以用锅炒熟——炒至微微出油即可。如果核桃仁不去皮，做好后味道会有点儿苦，但是比较有营养。也可以先将核桃仁放入开水中烫一下，用牙签剔去外皮并晾干后再烤或炒。
2. 烤好的核桃仁一定要晾凉后再用，这样做好的琥珀桃仁才酥脆。
3. 用白糖比冰糖更易操作，大块的冰糖也可以用微波炉加热几秒，取出轻轻一掰就会碎成小块。

开口笑

🍲 原料

主料：普通面粉 180 克，芝麻 30 克，泡打粉 3 克，凉水 15 ～ 20 克
调料：鸡蛋 1 个，白糖 50 克，油 15 克

🍲 做法

油、鸡蛋和白糖放入盆中，搅匀。

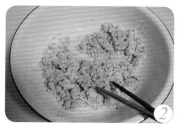

放入面粉和泡打粉搅成面絮。

加水用手抓捏成面团。

用擀面杖擀成厚约1.5厘米的饼。

切成正方形的小面块。

手掌沾水将面块揉搓成球。

小圆球放入芝麻盘中，晃动盘子使其沾满芝麻。

逐个放入手掌中揉搓使芝麻沾得牢固些。

锅中倒油，中火烧至三成热，放入沾满芝麻的小球，转小火，用漏勺轻轻地搅拌，炸至裂口、表面呈金黄色时捞出。

制作小贴士

1. 和面时根据面粉的吸水性和鸡蛋的大小调整水的用量，面团不要和得太软。
2. 用生的黑芝麻和白芝麻都可以，但是用白芝麻更好看。
3. 炸制时火不能大，否则温度高外皮变色快，里面不熟，也不容易裂口。
4. 我用的是大豆油，所以炸出来颜色深，用色拉油炸微黄即可，颜色太深就煳了。
5. 炸过的油里有芝麻，非常香，可以用来炸辣椒油或者拌凉菜。

街头流行小吃

地方特色小吃

休闲小吃

异国风味小吃

老式桃酥

🍲 原料

主料：面粉 250 克
调料：植物油 100 克，白糖 100 克，小苏打 2 克，鸡蛋 1 个，核桃仁（或者炒熟去皮的花生）50 克，熟芝麻少许

🍲 做法

核桃仁放入预热至 180℃ 的烤箱的上层烤 7～8 分钟，取出晾凉。

放入保鲜袋中用擀面杖碾碎。

植物油放入盆中，打入鸡蛋搅散后放入白糖搅匀。

筛入面粉，放入小苏打，用刮刀或者铲子翻拌均匀。

放入核桃碎，用手抓捏成团，不要使劲儿揉面。

取 25～30 克小面团，放在掌心中揉圆。

放到芝麻中沾一层芝麻，再放到烤盘上，每个小球之间留大一点儿的空隙。

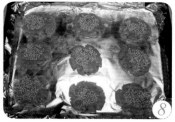

将小球轻轻压成饼，让饼的四周自然开裂。

放入预热至 180℃ 的烤箱的中上层烤 15 分钟，桃酥上色略深即可。

◣ 制作小贴士 ▶

1. 可以用炒熟去皮的花生代替核桃。
2. 桃酥烤好后取出晾凉，放入保鲜盒中密封保存，这样才不会回软。
3. 不同烤箱温度会有差异，要注意观察桃酥的颜色以免烤煳。

驴打滚

🍲 原料

面皮：糯米粉 100 克，干淀粉 30 克，白糖 30 克，色拉油 5 克，黄豆 50 克，凉水 150 克
馅料：豆沙 100 克

做法

① 糯米粉、白糖和水放入盆中搅成面糊，倒入色拉油搅匀。

② 搅好的面糊放入蒸锅中，大火蒸上汽后，转中火蒸15分钟。

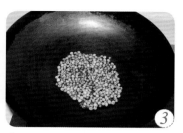

③ 蒸面糊时将黄豆放入炒锅，小火将黄豆炒上色后关火。

④ 炒好的黄豆用搅拌机搅碎后，过滤出黄豆粉备用。

⑤ 取出蒸好的面糊，用筷子搅成团，晾至不烫手。

⑥ 案板上撒一层黄豆粉，将糯米团用蘸了凉开水的刮刀或勺子刮到黄豆粉上。

⑦ 面团两面都沾上黄豆粉，用擀面杖擀成0.5厘米厚的面片。

⑧ 用勺背将豆沙抹在面片上，在一侧留一点儿空白。

⑨ 面片卷起来，空白的那一侧放在接缝处。

⑩ 再撒一层黄豆粉，将卷好的面卷切成小段。

制作小贴士

1. 蒸面糊的盆一定要和锅内壁有空隙，这样蒸汽才能上来，面糊才能蒸熟。
2. 买现成的黄豆粉更省事，用小火炒熟即可。
3. 糯米制品最好密封保存，以免失去水分变硬。
4. 驴打滚如果变硬，放入蒸锅蒸一下就会变软。

街头流行小吃

地方特色小吃

休闲小吃

异国风味小吃

麻辣
花生

主料：花生 500 克
调料：花椒 15 克，八角 1
个，干辣椒 20 个（15 个
剪成丝），辣椒粉 10 克，
盐 10 克

🍲 做法

5 个辣椒剪成段，放入
八角、一半花椒和盐，
加水搅匀，花生用水冲
一下和辣椒一起放入
锅中。

大火煮开后关火。

花生晾凉后捞出，搓掉
花生皮，分成 2～3 份
装入保鲜袋，放入冰箱
冷冻。

取出一份花生倒入锅中，
倒入植物油没过花生。

中火加热至花生全部浮
起、干香微黄后捞出。

锅里留少许油晾凉，放
入辣椒丝和剩余花椒小
火炒香。

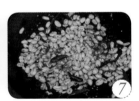

倒入花生翻炒均匀，再
放入辣椒粉和剩余盐炒
匀关火。

制作小贴士

1. 去花生皮有点浪费时间，可以一次多准备一些，冷冻后的花生炸过以后更脆。
2. 炸好的花生捞起来晃动时会发出脆响。花生一定要炸干、炸香，不然吃起来不脆。
3. 可以用烤箱做麻辣花生：将去皮花生放入小碗中，放入花椒、辣椒丝、5克油和5克盐搅匀，
   放入预热至150℃的烤箱的中层烤20～30分钟，花生变脆发黄即可；做好的麻辣花生放凉后更
   脆，放置一天后麻辣味更浓。
4. 喜欢吃麻一些的可以多加些花椒。

120

木瓜椰奶冻

原料

木瓜1个，牛奶250克，椰子粉20克，
白糖30克，吉利丁片2片（也可以换成
5克鱼胶粉或者琼脂）

做法

牛奶中放入椰子粉和白糖，用勺子搅匀后小火加热。

将提前用水泡软的吉利丁片放入热牛奶中，搅匀后晾凉。

木瓜从1/4处切开。

用长勺将籽全部挖出。

木瓜放到碗或其他容器中立起来。

晾凉的牛奶倒入木瓜中。

盖上切下来的盖子，或者直接用保鲜膜包住。

木瓜放入冰箱中冷藏至少3小时，取出后切块。

制作小贴士

1. 牛奶可以用椰奶代替，这样就不用放椰子粉了，不喜欢椰子味道的可以只放牛奶，最好再加点儿淡奶油，这样奶味更浓。白糖的用量可以根据口味调整。为牛奶加热时用小火即可，不用烧开。

2. 切木瓜时不要怕浪费，我第一次切时没露出里面的籽，于是又切了一小段才看到里面的籽。切下来的那部分木瓜可以切成小块和牛奶一起打成木瓜奶昔，很好喝。

3. 木瓜籽如果挖得不整齐，可以用勺子轻轻刮一刮木瓜的内壁，让内壁光滑一些。

4. 木瓜放入碗中前用刀在底部切下薄薄的一层，这样木瓜就不会倾斜。

5. 木瓜要冷藏3小时以上——时间长一些效果更好，我因为着急拍照冷藏的时间不够，切的时候虽然凝固了，但是有点软，切面不够光滑漂亮，晚上切给儿子吃的时候就凝固得特别好，切面非常光滑漂亮。

蜜汁肉脯

🍲 原料

主料：瘦猪肉馅 600 克

调料：鱼露 30 克，生抽 20 克，白糖 30 克，蜂蜜 20 克，黄酒（或者料酒）15 克，熟芝麻、白胡椒粉、老抽少许

🍲 做法

① 肉馅用刀剁几分钟，使其变得更细腻、有黏性。

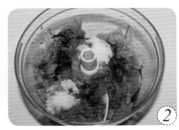

② 放入搅拌机，加入所有调料。

③ 顺着一个方向搅打至均匀上劲，将搅好的肉馅放到冰箱里冷藏 30 分钟以上。

根据烤盘的大小裁一张锡纸，铺在烤盘上，在锡纸上刷薄薄一层油。

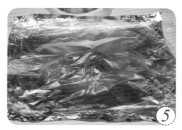

取 1/3 的肉泥放到锡纸上，盖上保鲜膜或者保鲜袋。

用手掌隔着保鲜膜将肉泥压扁。

用擀面杖擀成厚约 2 毫米的薄片。

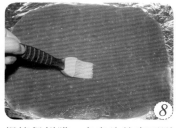

揭掉保鲜膜，在肉片的表面刷一层蜂蜜。

肉片连同锡纸一起放到烤网上，放入预热至 180℃ 的烤箱的中层烤 10 分钟。

取出后倒扣，揭去锡纸，刷一层蜂蜜，撒上熟芝麻。

再放入烤箱的中层烤 10 分钟，取出后晾凉，用剪刀剪成小片。

制作小贴士

1. 搅打肉馅时我用的是搅拌机，也可以用筷子搅打。
2. 放了鱼露的肉脯味道更好。
3. 如果蜂蜜太浓稠，用水先稀释一下再用。
4. 肉片的边缘要整齐而且不能太薄，否则很容易烤糊。

草原牛肉干

🍲 原料

主料：瘦牛肉 1000 克
调料 A：八角 2 个，草果 1 个，香叶 2 片，花椒 5 克，干辣椒 3 个，冰糖 1 小块，老抽、盐、葱段、姜片适量
调料 B：辣椒油、花椒粉、孜然粉、辣椒粉、熟芝麻、盐少许（可选）

🍲 做法

牛肉洗净，切成手指粗的条。

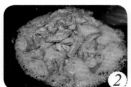

锅烧热倒油，放入牛肉条大火不停翻炒，炒至全部变色后用筷子夹出，炒出的汤汁倒掉不用。

另起锅烧热倒油，放入炒过的牛肉条翻炒至没有汤汁，放入老抽和冰糖炒匀。

加水没过牛肉条 3 厘米，放入调料 A 中的剩余调料，大火烧开，小火煮40 分钟。

大火将剩余的汁收干。

汁快干时放入调料 B，小火炒匀。

炒出香味，牛肉表面微干时，关火。

制作小贴士

1. 炒牛肉时热锅凉油不会粘锅，如果用的是不粘锅就不用考虑这点了。
2. 步骤4中，煮牛肉时一定要用小火，以免煳锅。
3. 牛肉干炒好后即可食用，不过放干一些更好吃。将牛肉干放到铺有锡纸的烤盘中，放入预热至130℃的烤箱的中层烤一会儿。或者把牛肉干摊开放在通风处晾1～2天即可。
4. 用这个配方做出的牛肉干是微辣孜然味的，如果将孜然粉换成麻椒粉，就是麻辣味的；如果去掉孜然粉和花椒粉，放入五香粉，就是五香味的。可以根据爱好调整味道。

泡椒凤爪

原料

主料：鸡爪 1000 克

调料：泡椒 250 克，米醋 200 克，白糖 50 克，八角 3 个，花椒 30 粒，姜 2 片，香叶 2 片，桂皮拇指长 1 段，盐适量

做法

1. 鸡爪洗净去掉指甲，如图剁成 3 段。

2. 放入水中浸泡 2 小时，其间换 2 次水。

3. 鸡爪捞出，放入锅中，加水没过鸡爪，煮开后撇去浮沫。

4. 放入八角、花椒、姜、香叶和桂皮，中火煮 10 分钟。

5. 捞出煮好的鸡爪用流水冲洗 2 分钟，放入冰水中浸泡 1 小时以上。

6. 鸡爪捞出控水。

7. 制作泡椒汁：泡椒和水放入干净的容器中，放入米醋、白糖和盐调味。

8. 将鸡爪和做好的泡椒汁混合，倒入带盖的容器中，放入冰箱冷藏 4 小时即可。

制作小贴士

1. 鸡爪去掉指甲才卫生，剁成小块更易入味。
2. 用冰水浸泡后的鸡爪更筋道。
3. 不同品牌的泡椒味道有差异，所以要根据口味决定白糖、醋和盐的用量。
4. 喜欢吃辣的可以将一部分泡椒切成小段。
5. 用老泡菜水制作味道会更好。

街头流行小吃

地方特色小吃

休闲小吃

异国风味小吃

芝麻花生糖

🍲 原料

花生 200 克，芝麻 100 克，白糖 150 克，柠檬半个，色拉油 15 克

🍲 做法

① 芝麻放入滤网冲洗干净，晾干，放入锅中小火翻炒至微黄，盛出晾凉。

② 花生放入锅中小火炒熟，晾凉。

③ 抓一把花生用双手搓，然后吹掉花生的红衣。

④ 炒好的花生放入保鲜袋中用擀面杖擀碎。

⑤ 锅中倒入色拉油，放入白糖小火慢慢炒化。

⑥ 糖浆变成褐色时，挤入半个柠檬的汁。

⑦ 中小火慢慢搅拌，糖浆会起大泡，一定要仔细观察。

⑧ 泡变小而且变少时倒入花生和芝麻翻炒。

⑨ 花生和芝麻均匀地沾满糖浆后倒入抹油的器具中，用铲子或者小勺压平。

⑩ 晾10分钟左右，芝麻花生糖变凉但还没变硬变脆前用刀切块——完全变硬后会很脆，一切就碎。

▶ 制作小贴士

1. 如果使用熟芝麻，可以略去炒芝麻这一步。
2. 花生不要擀得太碎，每粒花生擀成2～3块即可，这样能够减少糖的用量，做出的芝麻花生糖也不会太甜。
3. 如果没有柠檬汁放白醋也可以，但是放柠檬汁味道更好。放了柠檬汁或醋的芝麻花生糖更脆更好吃。
4. 切好的芝麻花生糖放入保鲜盒保存以免受潮，用糖纸包裹会更漂亮。

五香瓜子

🥘 原料

主料：生葵花籽 500 克

调料：盐 15 克，八角 3 个，花椒 10 克，小茴香 10 克，桂皮 2 小段，甘草 4～5 片

🥘 做法

瓜子放入大漏勺中用流水冲去上面的灰尘。

瓜子放入锅中，加入香料。

锅中加水，放盐搅匀，大火煮开。

转小火煮 20 分钟关火，浸泡至水完全凉透，用漏勺捞出控水。

瓜子装入纱布袋中，只装七分满。

系上袋口，将袋子平铺到暖气上烤干。

制作小贴士

1. 如果没有暖气，可以将煮好的瓜子放入炒锅中炒干。或者分次放入烤盘中摊开，然后放入预热至100℃的烤箱的中层烤干，大约需要1小时。
2. 香料可以直接放入锅中，也可以用调料袋装好放入锅中。
3. 加水后瓜子会飘上来，用漏勺按压瓜子，让水没过瓜子即可。
4. 水开后最好尝一尝煮瓜子的水——一定要咸一点儿，不然瓜子不入味。
5. 袋子只装到七分满就可以了，这样才可以平摊开，使热气在里面循环。
6. 装有瓜子的袋子要放在暖气上烤至少3天，瓜子烤得干一些才好吃，记得每天给袋子翻面。

Part 4
异国风味小吃

朝鲜冷面

原料

主料：干冷面 100 克，煮鸡蛋半个，黄瓜 30 克，西红柿 20 克

调料：香菜 2 根，葱花 20 克，蒜 5 瓣，白醋 30 克，白糖 30 克，辣椒粉 5 克，熟芝麻 2 克，小苏打 2～3 克，牛肉粉、盐适量

做法

① 干冷面用凉水浸泡半小时，用手搓散。

② 制作冷面汤：蒜切末，放入大碗中，加辣椒粉、盐、白糖、芝麻和牛肉粉。

③ 碗中倒入冰镇的纯净水或者凉开水搅匀，倒入白醋（稍微多一点儿）。

④ 放入小苏打。

⑤ 黄瓜切丝、香菜切末、葱切葱花、西红柿切片，放入汤料里搅匀，冷面汤就做好了。

⑥ 锅中加水烧开后关火，放入泡好的冷面烫 1 分钟捞出，放入凉水盆搓一下，用凉开水冲干净放入碗中。

⑦ 倒入冷面汤，摆上半个煮鸡蛋即可。

制作小贴士

1. 如果没有时间可以直接将冷面放入锅中煮软。冷面不要煮太软，否则吃起来不筋道。
2. 汤汁是酸甜口的，非常爽口。小苏打、糖和醋的用量可以根据喜好调整。
3. 可以用牛肉清汤代替水做冷面汤，味道会更好。
4. 冷面汤里可以放一片柠檬的汁，这样做出的冷面有淡淡的柠檬香气。
5. 小苏打和白醋是冷面汤的灵魂，一定要放，不然味道不正宗。

辣炒年糕

原料

主料：年糕条250克，五花肉50克，辣白菜30克

调料：腌辣白菜汁20克，韩式甜辣酱20克，油20克，葱适量

做法

1

锅中加水烧开，放年糕条煮2分钟至变软，关火，泡一会儿，捞出用凉水冲洗后控水。

2

五花肉切薄片、辣白菜切片、葱切段备用。

3

锅烧热倒油，放入五花肉翻炒至变色出油。

4

放入辣白菜，炒香。

5

倒入煮好的年糕条和辣白菜汁炒匀。

6

放入甜辣酱炒匀。

7

放小半碗水，将年糕条翻炒至汤汁黏稠，放入葱段炒匀后关火。

制作小贴士

1. 简易做法：小汤锅烧半锅水，放入甜辣酱搅匀，放入年糕条，煮开后放油和喜欢的蔬菜，煮至年糕条变软、汤汁浓稠时放入葱段搅匀即可。
2. 放了辣白菜和五花肉的辣炒年糕味道更丰富。

韩式冷面

🍲 原料

主料：干冷面 200 克，牛肉 250 克，黄瓜 1 段，煮鸡蛋 1 个，辣白菜 1 小碟，雪梨 1/2 个

调料：葱 1 根，姜 2 片，八角 1 个，盐、醋、白糖适量，花椒、辣椒粉（或韩国辣椒酱）、酱油、香油、熟芝麻少许

🥘 做法

牛肉洗净放入锅中，加水大火烧开，撇净浮末，放上切好的葱段、姜片、八角和花椒。

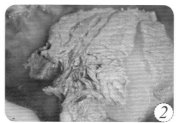

小火煮至牛肉用筷子一扎就透，加盐调味，关火。

捞出牛肉，汤放凉后过滤到保鲜盒中。

加入醋、酱油、白糖、香油和辣椒粉（或韩国辣椒酱）搅匀。

做好的汤汁放入冰箱冷藏备用。

干冷面放入凉水中泡30分钟，倒出凉水用沸水烫一下。

倒出热水，再放入凉水，揉搓一下去掉上面的黏液，面条就变得爽滑筋道了。

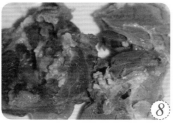

牛肉逆着纹理切成片。

黄瓜切片，煮鸡蛋切成两半，梨去皮切片、辣白菜切片。

牛肉片、黄瓜片、煮鸡蛋、梨片和辣白菜片放到冷面上，浇上做好的冷面汤，撒上熟芝麻即可。

制作小贴士

1. 冷面条最好先浸泡，直接煮表面会黏。
2. 做好的冷面汤最好先品尝一下，如果味道淡就加盐。
3. 步骤6中面条不要泡得太软。
4. 冷面汤中可以加入1/3瓶雪碧，这样更爽口。
5. 快速腌制辣白菜：白菜切丝，用盐腌一会儿后挤干，放葱花、蒜泥、辣椒粉、姜末和白糖搅匀，放在温暖处发酵1天即可食用。

泡菜煎饼

原料

主料： 面粉 50 ～ 80 克，豆渣 150 克，辣白菜 70 克

调料： 腌辣白菜汁 30 克，鸡蛋 2 个，火腿肠 50 克，葱花 50 克

做法

豆渣放入盆中，加鸡蛋搅匀。

放辣白菜汁搅匀。

放入切成小丁的辣白菜拌匀。

放入切成小丁的火腿肠和葱花搅匀。

放入面粉拌成浓稠且稍具流动性的面糊。

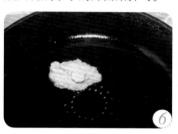

锅烧热倒油，取一勺面糊倒入锅中。

用勺背摊成一个圆饼。

锅中可以放 3 ～ 4 张圆饼。

小火煎至一面能轻松晃动时翻面，然后将另一面煎上色。

制作小贴士

1. 面粉最后放是为了调整面糊的浓度，豆渣的含水量不同，所以面粉的用量可以根据实际情况调整。如果不放豆渣就要增加面粉的量。
2. 火腿肠可以换成豆腐、海鲜等。

街头流行小吃

地方特色小吃

休闲小吃

异国风味小吃

鱿鱼米肠

🍲 原料

主料：鱿鱼4个，糯米150克，鲜香菇2个，胡萝卜1根，五花肉50克

调料：葱段，姜片，八角1个，花椒10粒，味极鲜酱油15克，老抽5克，蚝油15克，冰糖15克，盐、五香粉少许，料酒适量

🍲 做法

① 糯米泡一晚，用手指能碾碎时捞出控水。

② 香菇和胡萝卜切丁。

③ 五花肉切丁。

④ 五花肉丁放入盆中，放入味极鲜酱油、五香粉和料酒搅匀腌一会儿，放入香菇丁、胡萝卜丁、糯米和盐搅匀。

⑤ 鱿鱼去头留作他用，鱿鱼筒抽去里面的硬刺，剥去鱿鱼皮，鱿鱼就变成白色的了，这样的鱿鱼才是干净的。

⑥ 拌好的糯米用小勺填入鱿鱼中，七分满即可。

⑦ 用牙签封口，其他鱿鱼按同样方法处理。

⑧ 小汤锅中放水（没过鱿鱼），再放入葱段、姜片、八角、花椒、老抽、蚝油和冰糖烧开。

⑨ 再放入鱿鱼米肠，倒入少许料酒，盖上锅盖小火煮40分钟后捞出，晾凉后切片。

▶ 制作小贴士 ◀

1. 糯米肠一定不要填满，七分满即可，否则煮的时候鱿鱼筒会胀破。
2. 没吃完的米肠片要装入保鲜盒，以免失去水分变得干硬，如果变硬了，就加热一下再吃。

街头流行小吃

地方特色小吃

休闲小吃

异国风味小吃

紫菜包饭

🍲 原料

主料：鸡胸肉（或者鸡腿肉）50 克，米饭 1 碗，黄瓜 1 根

调料：生抽 20 克，蚝油 15 克，蜂蜜 20 克，料酒 5 克，香油 5 克，盐少许，熟芝麻适量

🍲 做法

鸡肉洗净后切成小拇指粗的鸡肉条。

生抽、蚝油和蜂蜜放入小碗中搅匀。

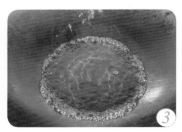

搅好的汁倒入锅中烧开后关火。

汤汁放至温热，再放入料酒，倒入鸡肉中腌制 2 小时以上。

锅中倒油烧热，放入鸡肉条中火煎至变色，盛出备用。

腌鸡肉的汁放入锅中煮至稍微浓稠，盛出备用。

黄瓜竖着切成小条。

寿司帘上铺一层保鲜膜，放上紫菜片。

米饭加香油、熟芝麻和盐拌匀，铺在紫菜片上。

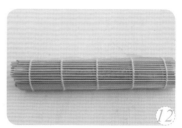

在一侧放几条煎好的鸡肉条再浇上一些汁、放一条黄瓜。

紫菜向上卷起。

卷好后用寿司帘卷紧，这样就不会松散。

卷好的紫菜卷用刀切成 1.5 厘米厚的片。

◣ 制作小贴士 ▶

1. 腌制鸡肉时最好将鸡肉放入冰箱冷藏。
2. 不喜欢吃肉的，也可以将煎好的鸡蛋切成条，和喜欢的蔬菜一起卷在米饭里。
3. 米饭铺得均匀一些，这样才能卷得又紧又漂亮。
4. 切片时，刀可以沾上凉开水，这样米饭不沾刀。

街头流行小吃　地方特色小吃　休闲小吃　异国风味小吃

大阪烧

🍲 原料

主料：面粉50克，凉水50克，鸡蛋1个，卷心菜150克，胡萝卜20克，煮熟的虾仁6个，干虾米10克，木鱼花15克

调料：沙拉酱50克，御好烧酱汁20克，香葱2根，油20克，盐适量

🍲 做法

① 卷心菜片去硬梗后切细丝，胡萝卜切细丝，香葱切葱花、虾仁切小粒。

② 取一个大碗，放入面粉和水调成面糊。

③ 鸡蛋打入面糊中搅匀。

④ 切好的卷心菜、胡萝卜、虾仁、干虾米和一半葱花放入面糊搅匀，加盐调味。

⑤ 平底锅烧热，倒少许油，放入面糊摊成圆饼。

⑥ 用铲子将饼的四周向里推，使饼变厚且四周规整，转小火盖上锅盖煎3分钟，翻面，盖上锅盖再煎3分钟。

⑦ 将煎好的蔬菜饼放入盘中，刷一层御好烧酱汁。

⑧ 挤上沙拉酱，撒上木鱼花和剩余葱花即可。

制作小贴士

1. 本配方中面糊用量少，煎制时不易成形，但口感比较好。新手可以增加面粉的用量，这样煎时容易成形。
2. 面糊里放一些煮熟的章鱼粒味道会更好。
3. 如果没有御好烧酱汁，可以用烧烤酱、猪排酱或者照烧酱代替。
4. 如果有海苔粉，可以撒在木鱼花上，这样做出的大阪烧更漂亮。

关东煮

🥘 原料

汤汁：木鱼花 30 克，干香菇 4 个，白萝卜 100 克，苹果 1/2 个，昆布 2 片，日式酱油 20 克，味醂 30 克，盐适量

煮料：鹌鹑蛋 6 个，海带结 8 个，大虾 8 个，熟玉米 1 根，小香肠 8 个，大葱 2 根

🍲 做法

①

干香菇冲洗干净，白萝卜切片，昆布泡发，苹果切块。

②

木鱼花、香菇、白萝卜片、苹果块和昆布放入锅中，加半锅水，大火煮至微开后转小火煮 2 小时。

③

捞出白萝卜片、香菇和昆布，滤去料渣，苹果和木鱼花扔掉不用。

④

鹌鹑蛋煮熟后去壳，小香肠切花刀，大虾去壳，玉米和大葱切段。

⑤

滤出的汤汁倒入锅中，加酱油、味醂和盐调味。

⑥

白萝卜片、香菇、昆布以及步骤 4 中的原料用竹签穿好，放入锅中，小火煮 5 分钟后关火。

制作小贴士 ▶

1. 关东煮的煮料可以根据喜好选择。
2. 不喜欢吃原味的，可以蘸酱料吃——蘸甜辣酱、芥末酱、照烧酱和辣椒酱都可以。
3. 做好的关东煮放几个小时再吃更入味。
4. 没有日式酱油和味醂可以不放，或者用生抽和料酒代替。